NCS 적용 교육!

얼굴관리

메디시인

머리말

교육 및 산업현장에서의 변화에 따른 직무분석에 따른 교육과정 개편이 대학 현장에서도 빠르게 진행되고 있다.

국가직무능력 표준(NCS) 개발 및 활용 업무에 관한 개정, 수정이 지속적으로 진행되고 있으며, 이에 따른 NCS능력단위, NCS학습모듈, 활용패키지 등 직무와 연계된 분류에 따른 교육방안이 지식, 기술, 태도에 따라 산업부분별, 수준별로 체계화하면서 그 직무를 수행하기 위한 필요 능력은 제시하고 있으며, 각 교육과정에서 이에 대한 검증을 구체적으로 하도록 제시하고 있다.

따라서, 교육방법에 따른 교수학습방법 및 평가 제시 기준 및 평가방법이 다양화 되었으며, 그에 따른 교육훈련 및 수업에 있어서 교육수요자의 눈높이에 맞춘 교제의 제시가 필요한 시점이다.

이에 NCS적용 교육, 얼굴관리는 현재 산업현장에서 진행되며, 국가자격증 과정에서 수행되고 있는 시험기준 및 학습 모듈, 활용패키지, 능력단위 등을 조합하여 교육수요자가 좀 더 해당 직무를 수행하는데 있어서 적극 활용할 수 있도록 교재를 편찬하였으며, 각각의 수행과제를 습득 및 세부과제를 수행하는데 있어서 어려움이 없도록 최대한 로드맵을 제시하고자 하였다.

이 교재가 얼굴관리에 해당하는 직무를 배우고 익히는 실습자를 배려한 평가내용 및 수행준거 평가내용, 실습자 태도, 개선사항 및 평가서, 평가일자와 평가자 사항을 모두 각각의 수행준거 기준으로 각 단원별 나누어 제시함으로써 환류를 통한 교육과정 개선에도 이바지하고자 하였다.

이 교재가 학습자 및 교육을 진행하는 교수자 입장에서도 좀 더 편리한 교재가 되었으면 한다.

병신년 가을에

필자 대표

차 례

Contents

차 례

Chapter 6 얼굴 팩·마스크하기

Chapter 7 얼굴관리 마무리하기

얼굴관리 실습관리 위생평가표

날 짜	실습용품 위생점검	개인위생점검	정리대 위생점검	미용기기 및 베드	비 고

실기 준비과정

1. 베드준비

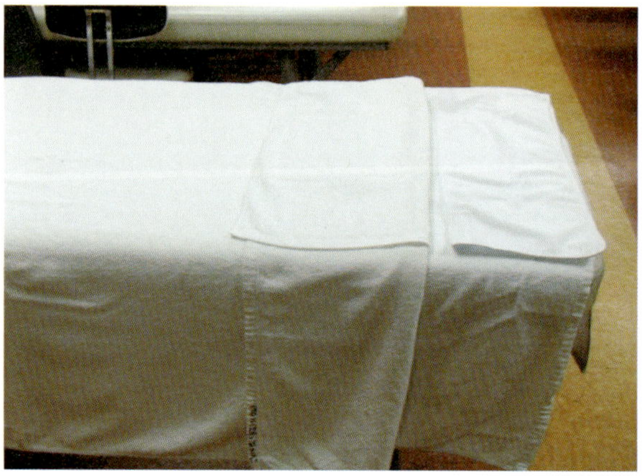
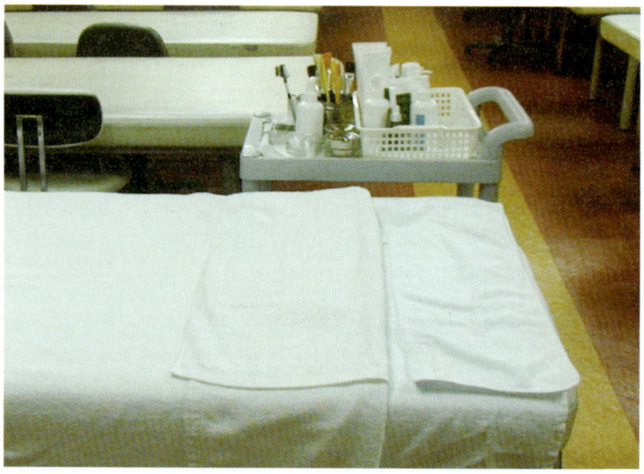

(1) 침대

① 관리의 용도에 맞는 일자형, 또는 삼단 베드를 선택한다.
② 관리사의 키와 맞는 베드를 선택한다.
③ 겨울에는 온열매트를 준비하여 늘 따뜻함을 유지한다.

(2) 시트, 담요 2장

① 시트는 오물이 쉽게 제거되며, 자주 세탁할 수 있는 종류로 선택한다.
② 1장은 베드에 깔아놓는 용도로 사용되며, 1장은 고객에게 덮어주는 용도로 사용된다.

(3) 수건

① 위생적인 흰색의 면 재질을 선택하고, 1회 사용한다.
② 손 타올 : 손에 물기가 묻는 경우나, 고객의 머리를 감싸는 용도
시트 앞타올 : 시트에 화장품이 묻지 않도록 하는 용도
습포용 : 온 습포, 냉 습포 시
③ 용도에 따라 타올의 크기를 다양하게 구비해 놓도록 한다.
④ 사용 후 자주 소독처리를 한다.

(4) 터 번

① 고객의 머리를 감싸는 용도로 사용한다.
② 자주 세탁하여, 깨끗하게 유지하도록 한다.

(5) 고객 가운

① 관리 시에 불편하지 않고, 촉감이 부드러운 재질을 사용한다.
② 고객이 이동시 어깨를 덮을 수 있는 가운도 준비한다.
③ 항상 청결함을 유지하도록 자주 세탁한다.

2. 드레싱커 준비

(1) 티슈 : 부드러운 것을 선택하고 향이 있는 티슈는 피한다.

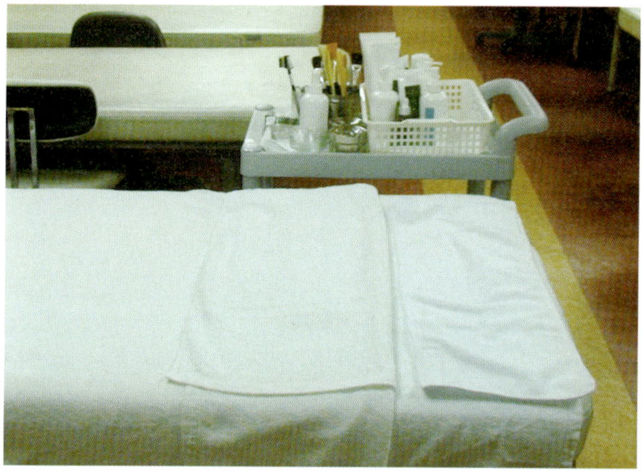

(2) 탈지솜

① 적당한 크기로 잘라 물을 묻혀 꼭 짜서 준비한다.(물기조절)
② 젖은 화장솜의 용도 : 화장수 도포시 /포인트 클렌징 제거시 / 아이패드 등의 용도로 쓰임
③ 알코올 솜 : 손 소독이나 도구 소독할 때 사용

(3) 면 봉

① 질이 좋은 것을 사용한다.
② 포인트 클렌징 제거 시 / 여드름 제거 시 / 제품 도포 시(국부 사용 시 사용)

(4) 스폰지 볼

① 적당한 크기를 택하고, 사용 후 세척제를 이용하여 닦아 낸다.
② 스폰지 볼에 물을 3분의 2정도를 채우고, 물의 온도는 미온수를 준비하나, 겨울에는 온도가 낮아지는 것을 감안하여, 따뜻한 물로 준비한다.

(5) 스폰지

① 손에 편한 크기로 부드러운 질감을 선택한다.
② 스폰지를 세척할 시에는 중성세제(주방용)로 세척하고, 스폰지를 완전히 말린 후에 자외선 살균 소독기에 넣어 살균 소독한다.
③ 소모품이므로, 면이 거칠어지면 새로운 것으로 교체한다.

(6) 생리식염수

관리 시 눈에 이물질이 들어갔을 경우 신속히 제거한다.

(7) 거 즈

팩 사용 시, 딥 클렌징 적용할 때, 눈썹도구 셋팅, 왁싱 도구 셋팅 할 때 사용된다.

(8) 알코올

간단한 소독용으로 쓰인다. (70~80%)

(9) 스파튤라

제품을 덜거나, 팩 도포시 위생적으로 사용한다.

(10) 브러쉬

팩 도포 시 사용되며 부드러운 질감을 선택한다.(용도별로 준비할 수 있다)

(11) 지퍼백 준비

실기시험 시 휴지통대신 사용하는 것으로 드레싱커 에 부착하여 사용한다.

(12) 바구니 준비

화장품 담는 바구니 1개, 타월을 담아 놓는 바구니 1개, 해면 스폰지 담아 놓는 바구니 1개, 왁싱 도구 담는 바구니 1개를 준비한다.

(13) 투명한 유리잔 준비

눈썹도구 셋팅 할 때 사용한다.

(14) 유리 볼 3개 이상 준비

오일, 딥 클렌징, 팩을 덜어서 사용 할 때 이용된다.

(15) 알코올 스프레이 통 준비

(16) 스텐레이스 통

큰 스텐레이스 2개는 도구들을 꽂아 놓는 것으로 사용, 작은 스텐레이스 2개는 젖은 솜과 알코올 솜을 담아 놓을 때 사용된다.

Chapter 1

얼굴 클렌징하기

1) 얼굴피부유형별 상태에 따라 클렌징 방법과 제품을 선택
2) 눈, 입술 순서로 포인트 메이크업을 클렌징
3) 얼굴피부유형에 맞는 제품과 테크닉으로 클렌징
4) 온습포 또는 경우에 따라 냉습포로 닦아내고 토닉으로 정리

Management Face

Chapter 1 얼굴 클렌징하기

1. 얼굴 피부 유형별 상태에 따라 클렌징 방법과 제품을 선택

① 클렌징의 방법과 클렌징의 선택은 더러움의 종류와 건성, 중성, 지성, 여드름, 예민피부 등의 피부상태에 따라서 선택해야 한다.

② 피부의 더러움을 제거, 피부의 호흡작용 원활, 신진대사를 촉진, 건강하고 아름다운 피부를 유지하는 효과가 있다.

③ 피부 자체에서 생리적으로 분비되는 피지, 발한에 의한 피부 노폐물과 메이크업, 대기오염, 먼지 등 오염된 이물질을 피부표면에서 제거하는 것이다.

④ 깨끗하고 건강한 피부를 관리하는데 있다.

(1) 클렌징 제품 종류

① **워터 타입** : 가벼운 화장을 닦아내는 용으로 사용되며 예민성 피부에도 자극이 없다. 예민·알레르기성 피부사용 가능하다.

② **로션 타입** : 가벼운 화장, 화장을 하지 않았을 때 사용하며, 수분을 많이 함유하고 있어 느낌이 가볍고 산뜻하여 모든 피부에 사용한다.

③ **크림 타입** : 메이크업이나 피지분비에 의한 노폐물이 많을 때 적당한 제품이다. 피부에 크림의 잔여물이 남아 있으면 모공을 막아 피부장애를 일으키므로 사용 후 이중세안을 한다.

④ **오일 타입** : 물과 친화력이 있는 수용성 오일 성분을 배합하여 물에 쉽게 분해되며, 자극 없이 사용한다. 눈·입술 화장 제거용, 노화피부, 수분 부족 피부, 건조하고 예민한 피부에 사용된다.

⑤ **젤 타입** : 오일 성분이 전혀 함유되지 않은 클렌저로 물로 제거 할 수 있다. 예민한 예민·알레르기성 피부, 지성, 여드름 피부에 자극 없이 사용된다.

⑥ **파우더 타입** : 효소 성분 함유로 각질제거와 클렌징이 한 번에 가능하다. 적당량을 혼합하여 충분히 거품을 내어 스티머와 함께 사용하면 보다 효과를 볼 수 있다.
⑦ **클렌징 폼** : 클렌징 로션·크림으로 1차 클렌징 후 세안시 사용하면 좋다. 피부자극이 적어 모든 피부에 사용 가능하다.

(2) 피부유형에 따른 클렌징 제품

① 정상 피부는 클렌징 밀크, 클렌징 크림, 클렌징 로션 등을 사용한다.
② 건성 피부는 세정력이 크지 않은 클렌징 크림, 클렌징 오일 등을 사용한다.
③ 지성 피부는 피지를 녹일 수 있는 오일 프리제품의 클렌징 젤, 클렌징 워터, 클렌징 로션을 사용한다.
④ 복합성 피부는 T존 부위와 U존 부위의 피부상태를 생각하여 제품을 선택한다. 오일프리 클렌징 젤, 클렌징 워터, 클렌징 로션을 사용한다.
⑤ 여드름 피부는 피지를 녹일 수 있는 오일프리 클렌징 젤, 클렌징 워터, 클렌징 로션을 사용한다.
⑥ 민감성 피부는 민감피부 전용 클렌징 로션, 클렌징 젤을 사용한다.
⑦ 노화 피부는 클렌징 크림, 클렌징 로션, 클렌징 오일을 사용한다.
⑧ 색소침착 피부는 저자극성 클렌징 제품을 사용한다.

2. 눈, 입술 순서로 포인트 메이크업을 클렌징

(1) 포인트 메이크업 클렌징하기 목적 및 효과

고객과의 관리 시 첫 대면으로서, 고객에게 편안한 느낌을 주어야 하며, 눈과 입주변의 피부 특수성을 잘 고려하여, 자극 없이 깨끗이 제거하기 위해 반복 연습이 필요하다.

(2) 포인트 메이크업 클렌징하기 순서

① 화장솜에 리무버 도포
② 리무버가 묻혀진 탈지솜을 눈과 입술에 놓는다.
③ 올려놓은 탈지솜을 옆으로 뺀 후 반을 접어 눈 밑에 놓고 면봉을 이용하여 마스카라를 지워낸다.

④ 탈지솜 한겹을 반만 접어 속눈썹을 가린 후 밖으로 뺀다.
⑤ 리무버가 묻혀진 탈지솜으로 눈두덩이, 아이라인, 겉눈썹을 지운 후 탈지솜을 접어 눈밑을 깨끗이 닦아낸다. 면봉 뒷면으로 아이라인을 제거한다.
⑥ 깨끗한 탈지솜으로 눈두덩이, 아이라인, 겉눈썹을 지워낸다.
⑦ 입술에 탈지솜을 왼쪽에서 오른쪽으로 길게 닦는다.
⑧ 탈지솜을 뒤집어 접은 후 윗입술 (위에서 아래로 3등분) 아랫입술 (아래에서 위로 3등분)으로 나눠 닦는다.
⑨ 윗입술, 아랫입술,입술전체 순으로 닦는다.
⑩ 리무버가 묻혀진 탈지솜을 리무버가 묻혀진 탈지솜을 아랫입술 (아래에서 위로 3등분)으로 닦은 후 접어서 모서리를 이용하여, 구각라인을 닦는다.
⑪ 깨끗한 탈지솜으로 반복한다.

(3) 포인트 메이크업 클렌징하기 주의사항

① 눈 화장을 클렌징 할 때는 세게 누르지 않는다.
② 제품이 눈이나 입에 들어가지 않도록 한다.
③ 신속하면서도 깨끗하게 닦아낸다.

3. 얼굴피부유형에 맞는 제품과 테크닉으로 클렌징

(1) 안면 클렌징 목적과 효과

① 색조 메이크업과 피부 표면의 먼지, 이물질 등을 제거하는 작업과정이다.
② 피부에서 분비되는 노폐물과 메이크업, 대기오염, 먼지 등 이물질을 제거함으로 청량감을 통한 기분전환과 막힌 모공을 열어 주는 효과가 있다.

(2) 안면 클렌징 테크닉 동작

① 제품 찍기(턱→양쪽 볼→이마→코→이마)
② 제품 도포(데콜테→목→턱→입술주변→볼→코→이마→턱 감싸고 예풍 마무리)
③ 데콜테 전체 쓸어주기

④ 목 세로 쓸기
⑤ 턱 쓸어주기
⑥ 입가 주변 쓸기 (엄지이용)
⑦ 볼 쓸어주기
⑧ 볼 3등분하여 문지르기
⑨ 코옆, 콧등 문지르기
⑩ 눈가 쓸어주기
⑪ 이마 나선형으로 문지르기
⑫ 이마 세로쓸기(왼쪽–오른쪽–왼쪽–중앙 마무리)
⑬ 턱 감싸서 귀 뒤로 쓸어주기

4. 온습포 또는 경우에 따라 냉습포로 닦아내고 토닉으로 정리

(1) 스폰지(해면) 동작

클렌징 후 와 팩 제거 시 주로 사용하며, 해면을 사용할 때 물기상태 및 제거 시 자극 없이, 깨끗이 제거하는 방법 등을 주지하고, 세척방법과 보관방법을 인지하도록 한다.

① 눈 전체 닦아주기
② 이마 닦아주기
③ 코벽, 콧망울 닦아주기
④ 눈 아래 닦아주기
⑤ 인중, 볼 닦아주기
⑥ 윗턱, 볼 쓸어주기
⑦ 아래턱 닦아주기
⑧ (깨끗한 해면 이용) 아래턱, 목 닦아주기
⑨ 데콜테, 어깨라인 닦아주기
⑩ ①~⑨까지 동일 시행
⑪ 귓볼 닦아주기
⑫ 목 가로 닦기
⑬ 헤어라인 주변 닦아주기

(2) 온습포

클렌징 후 또는 마사지 후에 제품을 닦는 용도 및 혈액순환을 촉진시켜주는 용도로 사용되며 습포 사용시 물기상태 및 온도 등을 체크하고, 자극적이지 않도록 주의하도록 하며, 고객에게 좋은 느낌을 전달하도록 해야 한다. 또한 온장고 사용방법과 주의사항 등도 주지하도록 한다.

① 수건을 인중에 맞춰 턱 전체에 올려놓는다.
② 수건을 콧구멍을 제외하고 얼굴 전체를 덮는다.
③ 안면 감싸고 올라가 이마로 올라가기
④ 눈 닦아주기
⑤ 이마 닦아주기
⑥ 코 닦아주기
⑦ 인중, 입, 턱 닦아주기
⑧ 볼 닦아주기
⑨ 아래턱, 목, 데콜테, 귀 헤어라인

(3) 토 닉

탈지 솜을 이용한 토닉은, 관리 후 남아있는 제품들을 제거하고, 피부에 보습을 주며, pH 발란스를 맞춰주기 위한 목적임을 인지하고, 토닉은 남아있는 노폐물을 깨끗이, 자극 없이 제거한다. 또한 손놀림을 가볍게 하고, 근육 결 방향대로 꼼꼼하게 해야 한다.

① (한손 머리에 고정) 한손 이용하여 이마 세로쓸기
② 눈 둘레 돌려 관자에 위치
③ 볼 사선으로 쓸어주기(안→밖)
④ 입 둘레 원 모양으로 쓸어주기
⑤ 반대쪽 볼 사선으로 쓸어주기(안→밖)
⑥ 눈 둘레 원 그리듯 쓸어주기(안→밖)
⑦ 코 측면, 코 중앙 쓸어주기(아래→위)
⑧ (스치듯 이마, 볼 라인 지나) 목 세로 쓸기 후 귓불 닦기
⑨ 데콜테 가로 닦기 및 어깨 닦기

[포인트 메이크업 클렌징]

	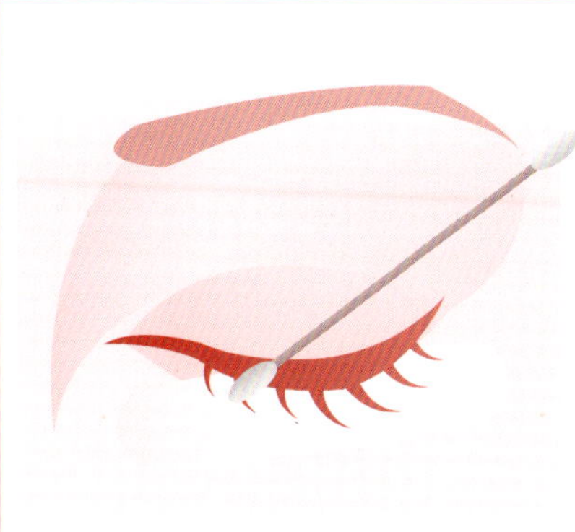	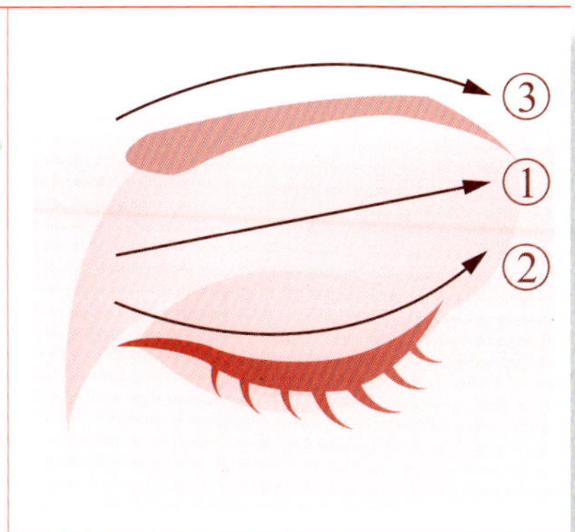
리무버가 묻혀진 탈지솜을 눈과 입술에 놓는다.	① 올려놓은 탈지솜을 옆으로 뺀 후 반을 접어 눈 밑에 놓고 면봉을 이용하여 마스카라를 지워낸다. ② 탈지솜 한겹을 반만 접어 속눈썹을 가린 후 밖으로 뺀다.	③ 리무버가 묻혀진 탈지솜으로 눈두덩이, 아이라인, 겉눈썹을 지운 후 탈지솜을 접어 눈밑을 깨끗이 닦아낸다.
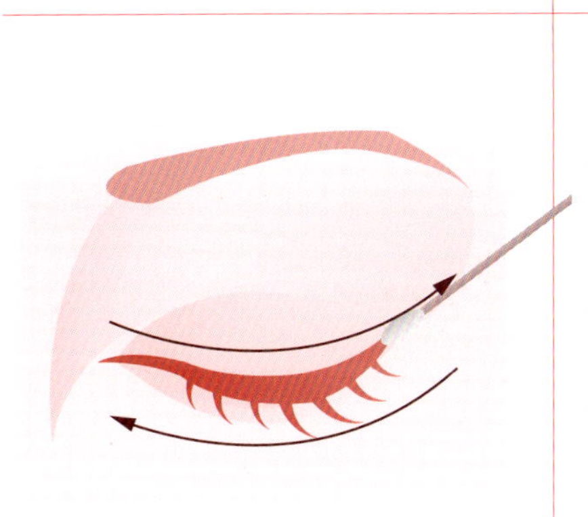	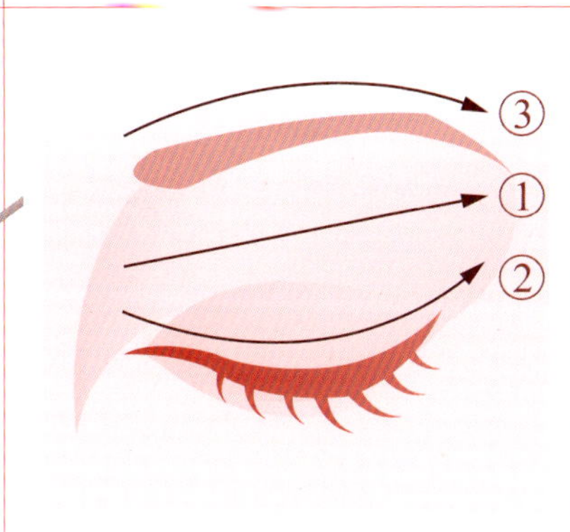	
면봉 뒷면으로 아이라인을 제거한다.	깨끗한 탈지솜으로 눈두덩이, 아이라인, 겉눈썹을 지워낸다. (③번과 동일)	

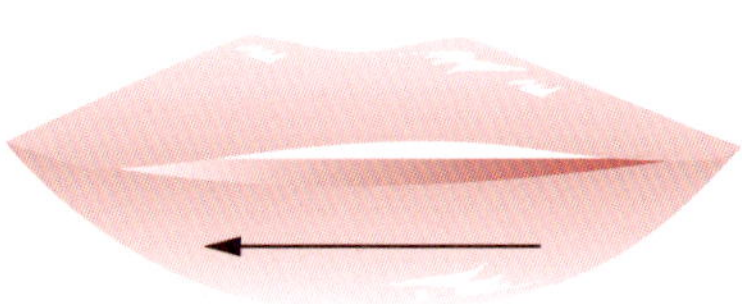

① 탈지솜을 왼쪽에서 오른쪽으로 길게 닦는다.

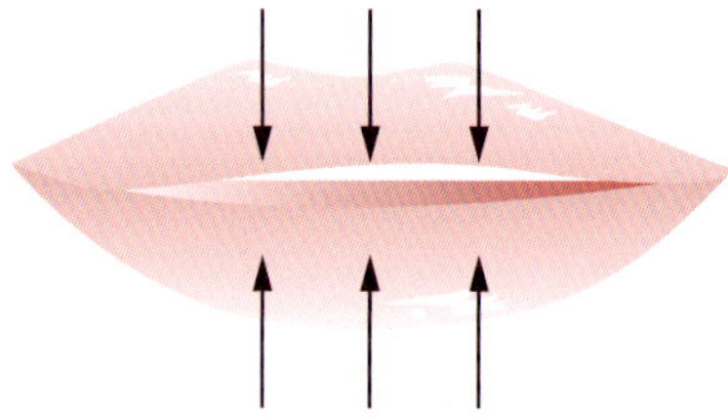

② 탈지솜을 뒤집어 접은 후 윗입술 (위에서 아래로 3등분) 아랫입술 (아래에서 위로 3등분)으로 나눠 닦는다.

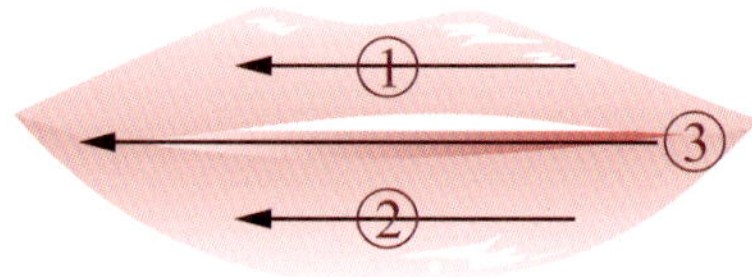

③ 윗입술, 아랫입술, 입술전체 순으로 닦는다

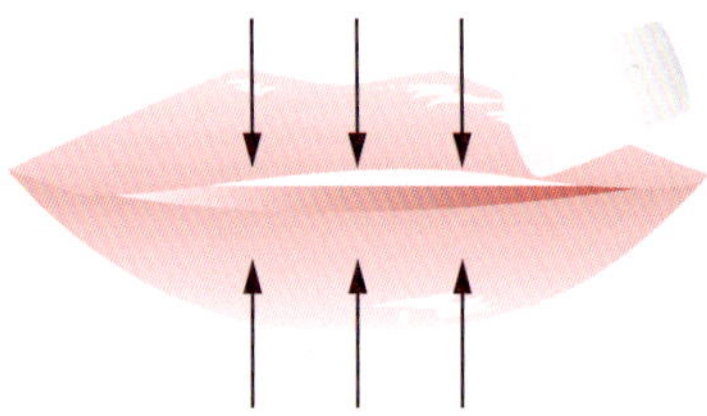

④ 리무버가 묻혀진 탈지솜을 윗입술 (위에서 아래로 3등분) 아랫입술 (아래에서 위로 3등분)으로 닦은 후 접어서 모서리를 이용하여, 구각라인을 닦는다.

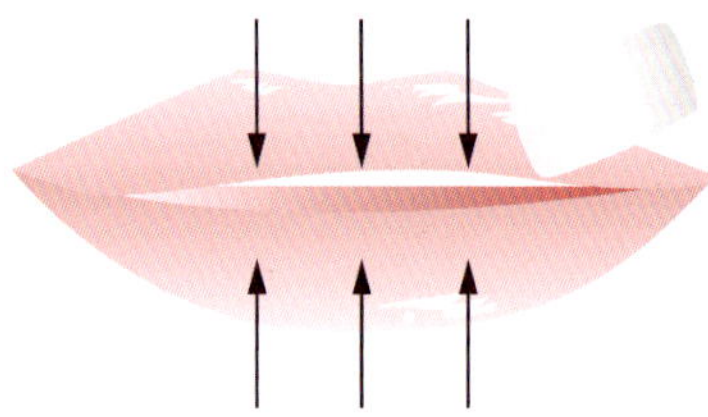

⑤ 깨끗한 탈지솜으로 반복한다. (④번과 동일)

[안면 클렌징(facial cleaning) 동작]

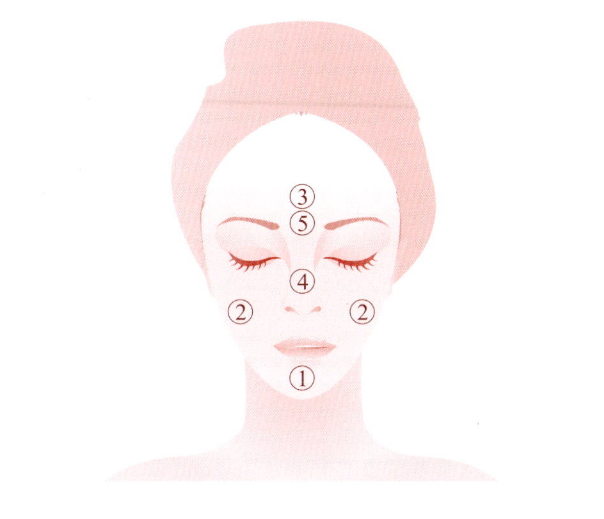

① 제품 찍기
턱→양쪽 볼→이마→코→이마

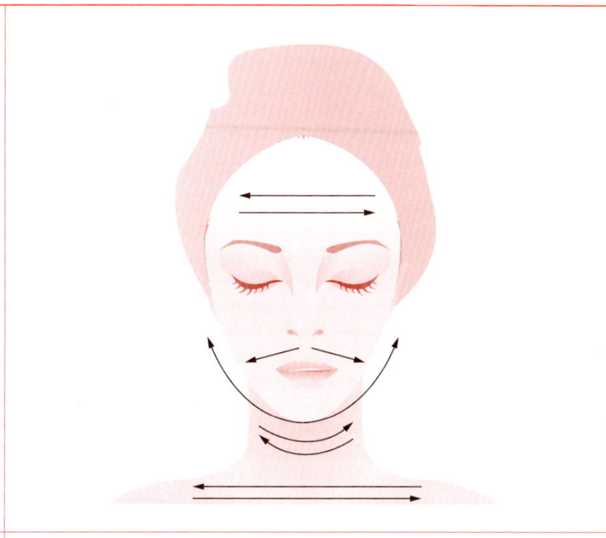

② 도포
데콜테→목→턱→입술주변→볼→코→이마→턱 감싸고 예풍 마무리

① 데콜테 전체 쓸어주기

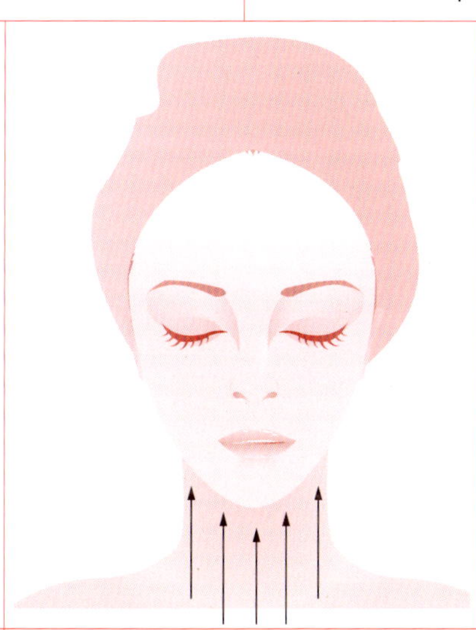

② 목 세로 쓸기

③ 턱 쓸어주기

4. 온습포 또는 경우에 따라 냉습포로 닦아내고 토닉으로 정리

④ 입가 주변 쓸기(엄지이용)

⑤ 볼 쓸어주기

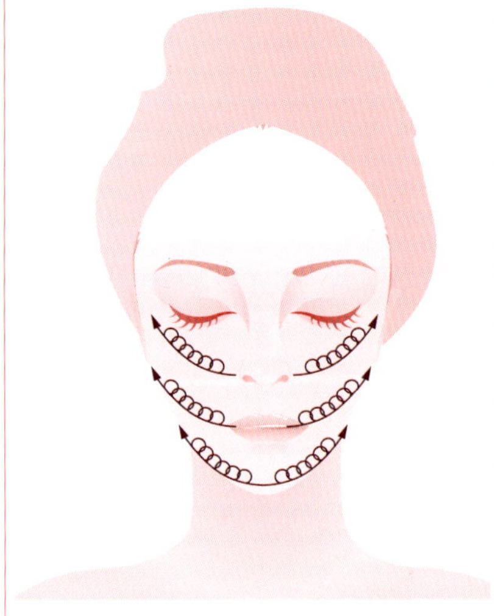

⑥ 볼 3등분하여 문지르기

⑦ 코옆, 콧등 문지르기

⑧ 눈가 쓸어주기

⑨ 이마 나선형으로 문지르기

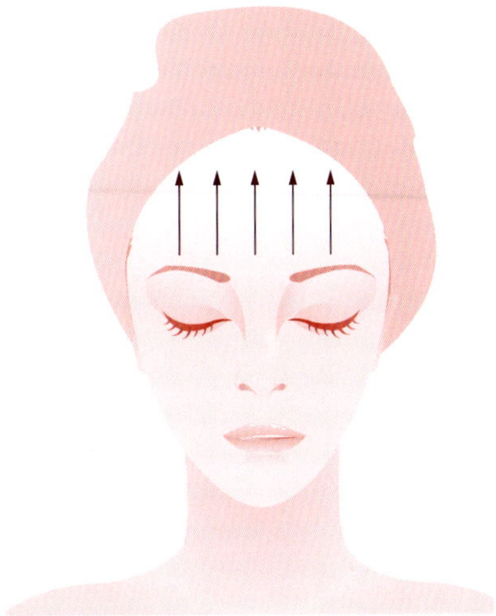		
⑩ 이마 세로 쓸기 (왼쪽 오른쪽-왼쪽-중앙 마무리)	⑪ 턱 감싸서 귀 뒤로 쓸어주기	

[스폰지(해면) 동작]

① 눈 전체 닦아주기

② 이마 닦아주기

③ 코벽, 콧방울 닦아주기

④ 눈 아래 닦아주기

⑤ 인중, 볼 닦아주기

⑥ 윗턱, 볼 쓸어주기

⑦ 아래턱 닦아주기

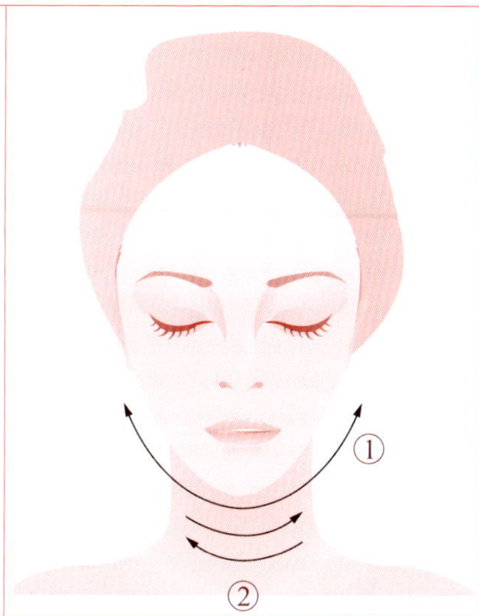

⑧ (깨끗한 해면 이용)아래턱, 목 닦아주기

⑨ 데콜테, 어깨라인 닦아주기

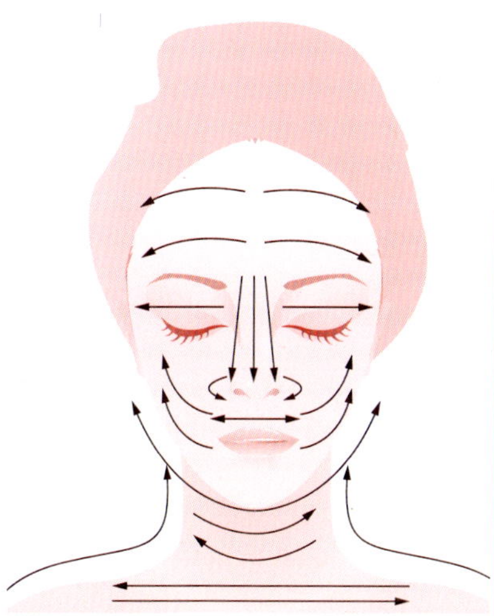

⑩ ①~⑨까지 동일 시행

⑪ 귓볼 닦아주기

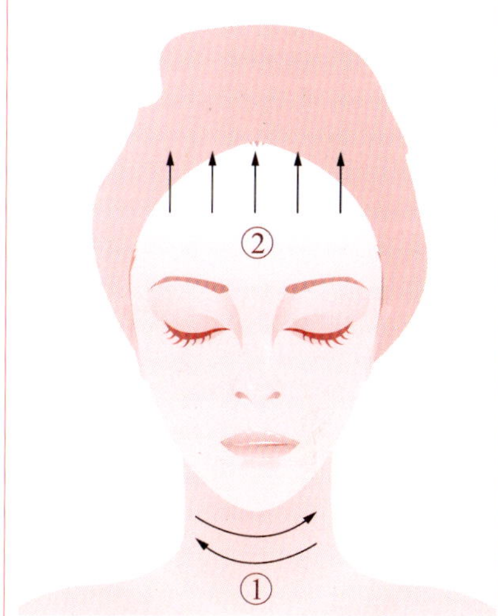

⑪ 1. 목가로 닦기
2. 헤어라인 주변 닦아주기

[온습포 동작]

① 수건을 인중에 맞춰 턱 전체에 올려놓는다.

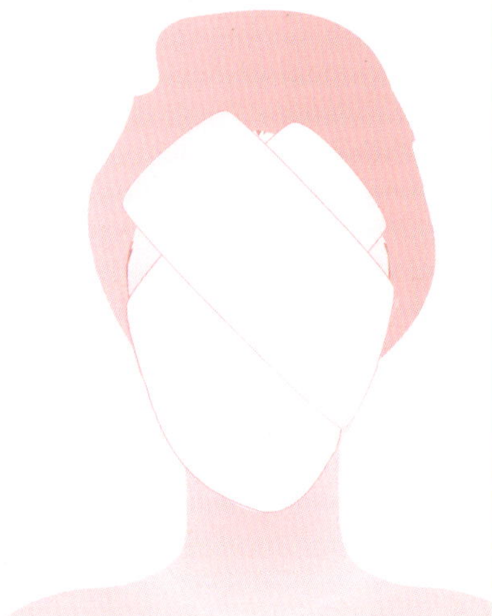

② 수건을 콧구멍을 제외하고 얼굴 전체를 덮는다.

③ 안면 감싸고 올라가 이마로 올라가기

④ 눈 닦아주기

⑤ 이마 닦아주기

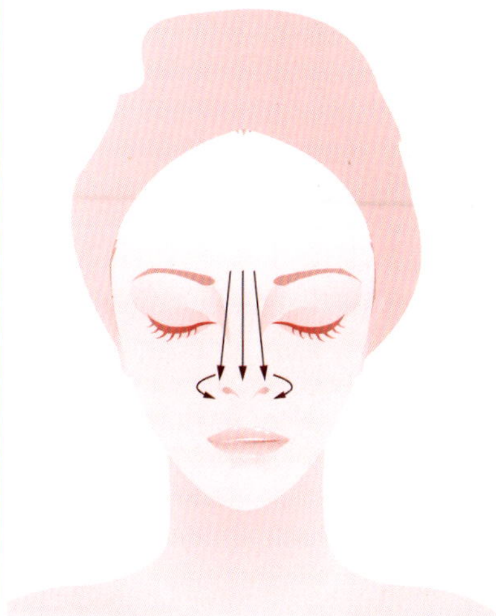

⑥ 코 쓸어주기

⑦ 인중, 입, 턱 닦아주기

⑧ 볼 닦아주기

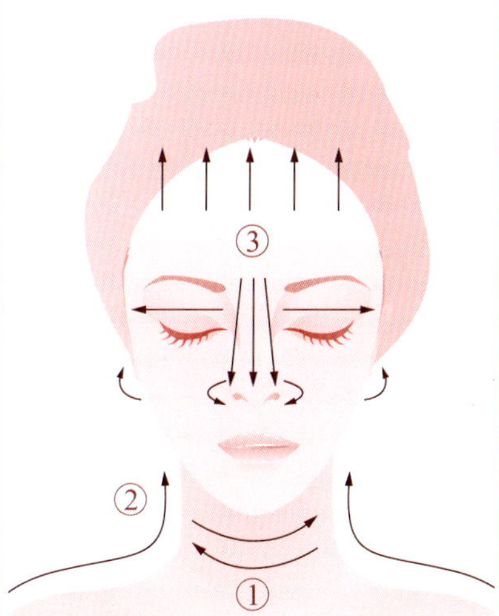

⑨ 아래턱, 목, 데콜테, 귀 헤어라인

4. 온습포 또는 경우에 따라 냉습포로 닦아내고 토닉으로 정리

[토닉 동작]

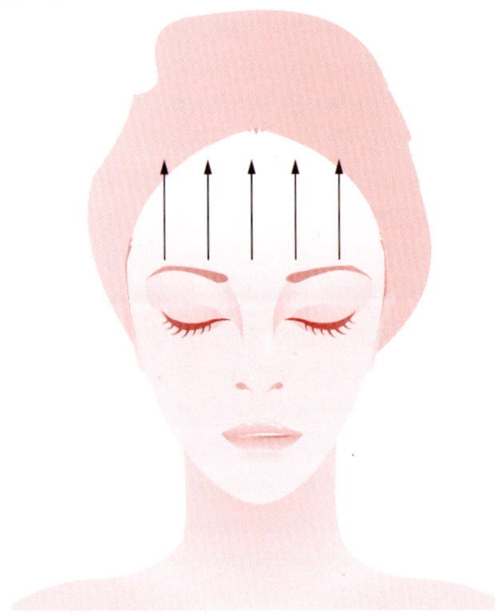

① (한 손은 머리에 고정)
한 손을 이용하여 이마 세로 쓸기

② 눈 둘레 돌려 관자에 위치

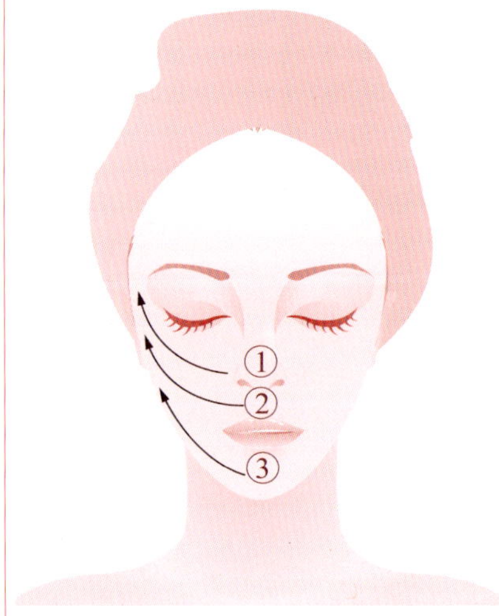

③ 볼 사선으로 쓸어주기 (안→밖)

④ 입 둘레 원 모양으로 쓸어주기

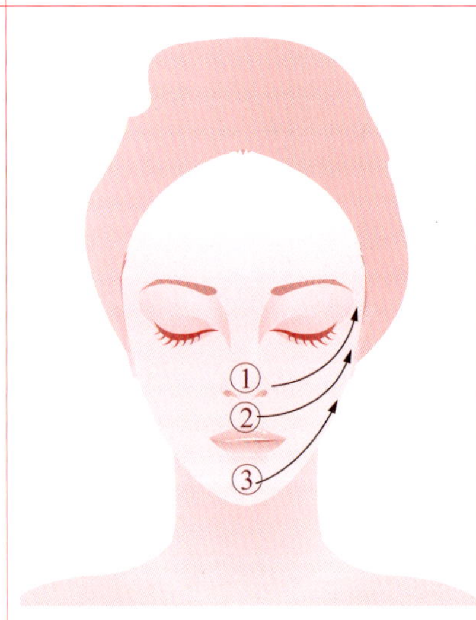

⑤ 반대쪽 볼 사선으로 쓸어주기 (안→밖)

⑥ 눈 둘레 원 그리듯 쓸어주기 (안→밖)

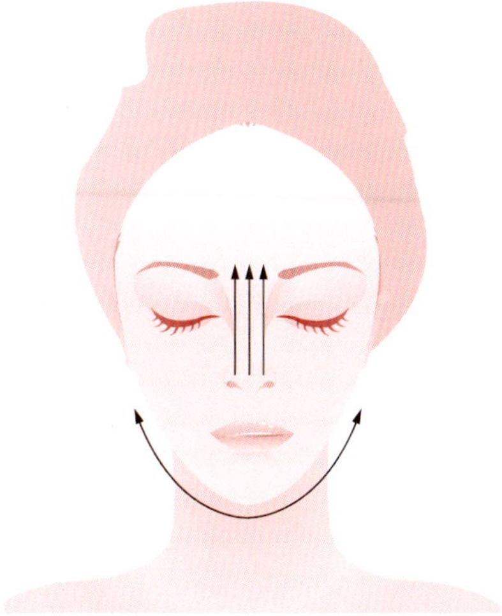

⑦ 코 측면, 코 중앙 쓸어주기
(아래→위)

⑧ (스치듯 이마, 볼 라인 지나)
목 세로 쓸기 후 귓볼 닦기

⑨ 데콜테 가로 닦기 및 어깨 닦기

4. 온습포 또는 경우에 따라 냉습포로 닦아내고 토닉으로 정리

얼굴 클렌징하기 작업과정 실습보고서 작성

수행작업 사진, 그림 제시 모두 가능

[실습 수행평가표]

실습자명 :

영역	평가내용	평가				
		5	4	3	2	1
실습자	피부미용사의 위생상태 복장, 용모, 청결 상태는?					
	모든 과정을 철저하게 위생적으로 시행했나?					
	각 제품의 주요성분과 관리목적을 파악했나?					
	피부유형에 따른 제품선택이 적합한가?					
	고객에게 과정을 미리 설명하고 주의사항을 파악했나?					
	고객의 금속액세서리가 제거되었나?					
수행준거 1.1	얼굴피부유형별 상태에 따라 클렌징 방법과 제품을 선택할 수 있다.					
수행준거 1.2	눈, 입술 순서로 포인트 메이크업을 클렌징 할 수 있다.					
수행준거 1.3	얼굴피부유형에 맞는 제품과 테크닉으로 클렌징하고 할 수 있다.					
수행준거 1.4	온습포 또는 경우에 따라 냉습포로 닦아내고 토닉으로 정리할 수 있다.					
태도	고객이 편안히 이완할 수 있도록 배려하는 의지					
	위생적으로 고객을 배려하려는 의지					
	고객의 반응을 살피려는 의지					
개선사항 및 평가서						
평가일		고객명				
평가자						

Chapter 2

눈썹 정리하기

1) 눈썹정리를 위해 도구를 소독하여 준비
2) 고객이 선호하는 눈썹형태로 정리
3) 눈썹정리 후 정리한 부위에 대한 진정관리를 실시

Management Face

Chapter 2 눈썹정리하기

1. 눈썹정리를 위해 도구를 소독하여 준비

2. 고객이 선호하는 눈썹형태로 정리

3. 눈썹정리 후 정리한 부위에 대한 진정관리를 실시

(1) 눈썹정리하기 목적과 효과

① 얼굴형에 어울리는 눈썹 형태에 관한 지식을 가지고 작업을 수행 할 수 있다.
② 위생 및 소독에 관한 지식과 화장품에 관한 지식을 가지고 눈썹정리를 할 수 있다.
③ 제모부위에 대한 소독 처리능력을 키우며 고객선호도에 맞게 눈썹을 정리 할 수 있다.

(2) 눈썹 정리하기 순서

① 거즈와 눈썹도구들을 셋팅한다 .
거즈, 눈썹 빗, 눈썹 가위, 눈썹 칼, 족집게, 마른솜 2장, 알콜솜 1장
② 손과 도구들을 소독한 후, 눈썹을 소독한다.
③ 눈썹길이를 맞춰준 후(앞머리, 눈썹산, 눈썹꼬리/액션), 빗과 가위를 이용하여 자른다.
④ 떨어진 눈썹은 마른 솜을 이용하여 닦아낸 후 족집게로 뽑아낸다
2, 3지를 이용하여 스트레칭을 한 후, 눈썹이 난 방향으로 텐션을 유지하며 뽑는다.
⑤ 눈썹모양 이외의 헤어들은 눈썹칼을 이용하여 깨끗이 제거한다.
⑥ 진정젤을 도포한다.
스파츌라와 면봉을 이용하여 진정젤 도포한다.

눈썹정리하기 작업과정 실습보고서 작성

수행작업 사진, 그림 제시 모두 가능

[실습 수행평가표]

실습자명 :

<table>
<tr><th rowspan="2">영역</th><th rowspan="2">평가내용</th><th colspan="5">평가</th></tr>
<tr><th>5</th><th>4</th><th>3</th><th>2</th><th>1</th></tr>
<tr><td rowspan="6">실습자</td><td>피부미용사의 위생상태 복장, 용모, 청결 상태는?</td><td></td><td></td><td></td><td></td><td></td></tr>
<tr><td>모든 과정을 철저하게 위생적으로 시행했나?</td><td></td><td></td><td></td><td></td><td></td></tr>
<tr><td>위생 및 소독에 관한 지식을 갖고 있나?</td><td></td><td></td><td></td><td></td><td></td></tr>
<tr><td>얼굴형에 어울리는 눈썹 형태에 관한 지식을 갖고 있나?</td><td></td><td></td><td></td><td></td><td></td></tr>
<tr><td>화장품성분에 관한 지식을 갖고 있나?</td><td></td><td></td><td></td><td></td><td></td></tr>
<tr><td>도구 사용 안전에 관한 지식을 갖고 있나?</td><td></td><td></td><td></td><td></td><td></td></tr>
<tr><td>수행준거 2.1</td><td>눈썹정리를 위해 도구를 소독하여 준비할 수 있다.</td><td></td><td></td><td></td><td></td><td></td></tr>
<tr><td>수행준거 2.2</td><td>고객이 선호하는 눈썹형태로 정리할 수 있다.</td><td></td><td></td><td></td><td></td><td></td></tr>
<tr><td>수행준거 2.3</td><td>얼눈썹정리 후 정리한 부위에 대한 진정관리를 실시할 수 있다.</td><td></td><td></td><td></td><td></td><td></td></tr>
<tr><td rowspan="3">태도</td><td>고객이 편안히 이완할 수 있도록 배려하는 의지</td><td></td><td></td><td></td><td></td><td></td></tr>
<tr><td>위생적으로 고객을 배려하려는 의지</td><td></td><td></td><td></td><td></td><td></td></tr>
<tr><td>고객의 반응을 살피려는 의지</td><td></td><td></td><td></td><td></td><td></td></tr>
<tr><td>개선사항 및 평가서</td><td></td><td></td><td></td><td></td><td></td><td></td></tr>
<tr><td>평가일</td><td colspan="6"> | 고객명 | </td></tr>
<tr><td>평가자</td><td colspan="6"></td></tr>
</table>

Chapter 3

얼굴 딥클렌징하기

1) 피부 유형별 딥클렌징 제품을 선택
2) 선택된 딥클렌징 제품을 특성에 맞게 적용
3) 피부미용기기 및 기구를 활용하여 딥클렌징을 적용

Management Face

Chapter 3 얼굴 딥 클렌징하기

1. 피부 유형별 딥 클렌징 제품을 선택

(1) 딥 클렌징하기 목적

① 노화된 각질을 제거함으로써 피부의 정상주기를 촉진한다.
② 피부세포재생을 활성화한다.
③ 주름 완화 및 모공 속을 청결히 하여 피부 트러블을 예방한다.

(2) 딥 클렌징하기 제품별 효과

① 물리적 방법

종 류	특 징	적용 피부
스크럽(scrub)	물에 용해되기 쉬운 식물성 원료(복숭아, 살구씨, 쌀, 밀겨) 나 광물성 원료에서 추출한 성분으로 죽은 각질층을 정리	과각화된 피부, 블랙헤드 부위
고마쥐(gommage)	얼굴에 제품을 바른 후 건조되면 밀어내어 제거하는 타입	노화피부

② 화학적 방법

종 류	특 징	적용 피부
효소(enzyme)	단백질 분해하는 효소를 이용하여 각질을 분해시키는 방법	예민피부, 염증성피부 등
아하 (A.H.A)	보통 과일류와 일부 발효식품에서 쉽게 발견되기 때문에 일명 과일산으로 불리기도 함	지성피부, 노화피부
바하 (B.H.A)	살리실산 성분이 들어있으며 각질이 과하게 쌓여 있는 부위를 효과적으로 제거	여드름 피부

2. 선택된 딥 클렌징 제품을 특성에 맞게 적용

(1) 고마쥐(gommage) 타입 – 10분

① 브러쉬를 이용하여 얼굴에 균일하게 도포한다.
② 제거시 제품이 들어가지 않도록 티슈 또는 터번으로 헤어와 귀를 가리고, 제품이 떨어져 지저분해지지 않도록 베드 양쪽에 티슈를 깔아준다.
③ 약간 덜 마른 상태에서 제거하는데, 2지와 3지를 벌려 피부를 스트레칭 한 후에 근육 결 방향대로 밀어준다.
실기시험을 위해서는 오른쪽 볼과 이마 전체를 밀어주면 된다.
④ 인중과 코를 제거 할 때에는 네 손가락을 턱밑에, 엄지는 제거하려는 부위에 고정한 후 반대쪽 엄지를 이용하여 근육 결 방향대로 밀어준다.
⑤ 민감한 부위나, 볼 부위는 약하게 또는 제외한다.
⑥ 밀어서 제거가 끝난 후에는 물을 이용하여, 고마쥐를 크림상태로 만든 후에 해면으로 제거 하도록 한다.
⑦ 제거시 눈, 코, 입에 들어가지 않도록 주의한다.
⑧ 해면 후 온습포로 정리한다.
⑨ 토너로 마무리 한다.

(2) 아하(A.H.A) 타입 – 10분

① 아이패드와 립거즈를 이용하여 눈과 입술을 덮어준다.
② 액체타입인 A.H.A를 면봉을 이용하여 T존과 U존 순서로 도포한다.
③ 예민 부위는 피하고, 제품이 눈, 코, 입에 들어가지 않도록 주의한다.
④ 피부타입에 따라 시간을 조절하고, 해면정리, 냉습포로 닦아내고, 스킨토닉으로 정리한다.
⑤ 토너로 마무리 한다.

(3) 스크럽(scrub) 타입 – 10분

① 브러쉬를 이용하여 얼굴에 도포 후 물을 묻혀가면서 손끝에 힘을 빼고 가볍게 문지른다.
② 2~3분 정도 문지른 후, 잔여물이 남지 않도록 깨끗이 제거한다.
③ 예민 부위나 볼 부위는 강하게 문지르지 않도록 하며, 알갱이가 남아있지 않도록 해면 및 온습포로 깨끗이 제거하도록 한다.
④ 토너로 마무리 한다.

(4) 효소(enzyme) 타입 – 10분

① 효소가루를 증류수 및 정수된 물을 이용하여 크림상태로 만든다.
② 크림상태로 되어 있는 효소를 얼굴에 균일하게 도포한다.
③ 아이패드와 립거즈를 이용하여 눈과 입술을 덮어준다.
④ 베퍼라이저를 이용하여 팩이 마르지 않도록 분사한다.
(시험 볼 때는 거즈를 올려놓은 후 온습포를 이용하여 덮어준다.)
⑤ 남아있지 않도록 해면 및 온습포로 깨끗이 제거한다.
(효소가 남아있는 경우 각질제거 반응이 계속 될 수 있다.)
⑥ 토너로 마무리 한다.

3. 피부미용기기 및 기구를 활용하여 딥 클렌징을 적용

(1) 피부미용기기 및 기구를 활용한 딥 클렌징하기 목적

① 피부 관리 효과를 높이고, 피부미용사의 수고를 덜어주기 위한 목적으로 피부 관리 기계를 이용한다.
② 피부 관리 단계 시 사용하는 다양한 기계들을 잘 구분하고, 기계의 원리 등을 잘 파악하며, 기계사용 시 주의사항과 주지사항을 잘 인지하도록 하여, 관리 시 문제점이 발생하지 않도록 한다.
③ 기계사용 전 고객의 건강상태와 피부상태를 잘 고려하여, 적용할 수 있는지를 미리 파악하며, 능숙하게 기계 적용을 하도록 연습 하도록 한다.

(2) 딥 클렌징 : 갈바닉 디스인크러스테이션

* 갈바닉전류를 이용한 방법이다.
* 알칼리성 물질을 침투하여 피지와 노폐물을 제거한다.

① 상담을 통해 건강과 피부에 문제점이 있는지를 미리 체크한다.
② 고객과 관리사의 악세사리를 모두 제거한다.
③ 강도 조절을 "0" 으로 맞추어 있는지 확인
④ 양극/음극의 채널이 맞추어져 있는지 확인 후 음극채널로 맞춘다.
⑤ 고객의 봉에 젖은 거즈를 이용하여 고객의 손 또는 어깨 밑에 넣는다.
⑥ 관리사의 봉에는 젖은 거즈가 풀리지 않게 감싼 후 알카리성 용액을 충분히 적신다.
⑦ 알카리성 용액을 묻힌 봉을 고객의 이마에 댄 상태에서 스위치를 켠다.
⑧ 서서히 고객의 느낌에 따라 볼륨을 조절한다.(3-4정도의 볼륨)
⑨ 얼굴전체를 고객의 근육 결을 따라 5-7분정도 관리한다.
⑩ 관리 후 관리봉을 고객의 얼굴에 댄 상태에서 볼륨을 "0" 으로 낮춘 후 스위치를 끊다.
⑪ 기계 정리 후 남아있는 알칼리성 용액을 제거한다.

(3) 딥 클렌징 : 브러쉬

① 1분동안 회전하는 브러쉬 회전속도에 맞추어 클렌징제품 도포 후 클렌징 작업을 도와준다.
② 브러쉬 회전 시 브러쉬 각도는 직각을 유지하도록 한다.
③ 피부타입에 따른 다양한 속도를 조절 할 수 있다.
④ 브러쉬 사용목적과 피부상태에 따라 브러쉬의 재질과 호수를 다르게 적용한다.
⑤ 브러쉬 작동시 물에 적신 브러쉬를 손잡이에 끼운 후 스위치를 켠다.
⑥ 작동하는 브러쉬의 회전속도를 피부타입에 맞추어 조절한다.
⑦ 관리과정 중 브러쉬를 바꿀때는 기기의 전원을 끈 상태에서 교체한다.
⑧ 브러쉬 사용 후에는 세척, 소독하여 보관한다.
⑨ 화농성 여드름피부, 모세혈관 문제성 피부, 일광이나 화상이 있는 피부, 상처가 있는 피부는 사용을 금한다.

(4) 딥 클렌징 : 진공흡입기

① 감압을 이용하여 흡입하는 도자를 통해 피지를 제거하는 방법이다.

② 모공 깊이 있는 피지 및 노폐물 제거에 용이하다.

③ 안면 딥 클렌징용 진공흡입기는 주로 유리도자를 사용한다.

④ 강한 압력으로 사용 시 안면이 붉어질 수 있으므로 감압의 강도를 조절하여 사용한다.

⑤ 유리도자(벤도젠)의 구멍을 막으면 흡입력에 의해 피부가 끌어 당겨지고, 구멍을 열면 피부가 원상태로 돌아간다.

⑥ 한 부위에 너무 오래 사용 시 붉어질 수 있으므로 유의한다.

⑦ 유리도자는 중성세제에 세척하고, 70% 알코올에 담근 후 건조시켜 자외선 소독기에 보관한다.

⑧ 화농성 여드름피부, 모세혈관 확장 피부, 상처부위, 민감한 상태가 있는 곳은 사용을 금한다.

얼굴 딥 클렌징하기 작업과정 실습보고서 작성

수행작업 사진, 그림 제시 모두 가능

[실습 수행평가표]

실습자명 :

<table>
<tr><th rowspan="2">영역</th><th rowspan="2">평가내용</th><th colspan="5">평가</th></tr>
<tr><th>5</th><th>4</th><th>3</th><th>2</th><th>1</th></tr>
<tr><td rowspan="6">실습자</td><td>피부미용사의 위생상태 복장, 용모, 청결 상태는?</td><td></td><td></td><td></td><td></td><td></td></tr>
<tr><td>모든 과정을 철저하게 위생적으로 시행했나?</td><td></td><td></td><td></td><td></td><td></td></tr>
<tr><td>각 제품의 주요성분과 관리목적을 파악했나?</td><td></td><td></td><td></td><td></td><td></td></tr>
<tr><td>피부유형에 따른 제품선택이 적합한가?</td><td></td><td></td><td></td><td></td><td></td></tr>
<tr><td>고객에게 과정을 미리 설명하고 주의사항을 파악했나?</td><td></td><td></td><td></td><td></td><td></td></tr>
<tr><td>고객의 금속액세서리가 제거되었나?</td><td></td><td></td><td></td><td></td><td></td></tr>
<tr><td>수행준거 3.1</td><td>피부 유형별 딥 클렌징 제품을 선택 할 수 있다.</td><td></td><td></td><td></td><td></td><td></td></tr>
<tr><td>수행준거 3.2</td><td>선택된 딥 클렌징 제품을 특성에 맞게 적용할 수 있다.</td><td></td><td></td><td></td><td></td><td></td></tr>
<tr><td>수행준거 3.3</td><td>피부미용기기 및 기구를 활용하여 딥 클렌징을 적용할 수 있다.</td><td></td><td></td><td></td><td></td><td></td></tr>
<tr><td rowspan="3">태도</td><td>고객이 편안히 이완할 수 있도록 배려하는 의지</td><td></td><td></td><td></td><td></td><td></td></tr>
<tr><td>위생적으로 고객을 배려하려는 의지</td><td></td><td></td><td></td><td></td><td></td></tr>
<tr><td>고객의 반응을 살피려는 의지</td><td></td><td></td><td></td><td></td><td></td></tr>
<tr><td>개선사항 및 평가서</td><td></td><td></td><td></td><td></td><td></td><td></td></tr>
</table>

평가일		고객명	
평가자			

Chapter 4

얼굴 매뉴얼 테크닉

1) 얼굴의 피부유형에 맞는 매뉴얼 테크닉을 하기 위한 제품을 선택
2) 선택된 제품을 피부에 도포
3) 5가지 기본 동작을 이용하여 매뉴얼 테크닉을 적용
4) 얼굴의 피부상태와 부위에 적정한 리듬, 강약, 속도, 시간, 밀착 등을 조절하여 매뉴얼 테크닉을 적용

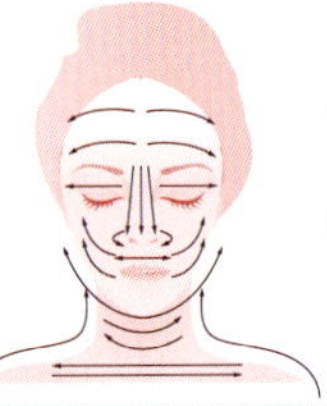

Management Face

Chapter 4 얼굴 매뉴얼 테크닉

1. 얼굴의 피부유형에 맞는 매뉴얼 테크닉을 하기 위한 제품을 선택

① 얼굴의 피부유형과 부위에 맞는 매뉴얼 테크닉을 하기 위한 제품의 선택은 건성, 중성, 지성, 여드름, 예민피부 등의 피부상태에 따라서 선택해야 한다.

② 얼굴의 피부유형에 따른 제품을 선택할 때에는 제품의 유효성분을 참조한다.

③ 매뉴얼 테크닉을 적용하기에 적합한 제품의 제형을 선택한다.

피부유형에 따른 제품의 유효성분

① 정상 피부는 알로에 베라, 히아루론산, 솔비톨, 제라늄, 라벤더, 카모마일 등등의 성분이 함유된 제품을 사용한다.

② 건성 피부는 올리브오일, 아보카도오일, 아몬드오일, 해초추출물, 쟈스민, 라벤더, 제라늄, 로즈, 일랑일랑, 프랑킨센스, 네롤리, 로즈우드 등등의 성분이 함유된 제품을 사용한다.

③ 지성 피부는 위치하젤, 캄파, 알란토인, 클로로필, 멘톨, 버가못, 사이프러스, 쥬니퍼, 라벤더, 그레이프후르트, 로즈마리, 프랑킨센스, 세이지, 오렌지 등등의 성분이 함유된 제품을 사용한다.

④ 복합성 피부는 T존 부위와 U존 부위의 피부상태를 생각하여 제품을 선택한다.

⑤ 여드름 피부는 비타민 B, 알란토인, 홀스체스넛, 쥬니퍼, 시더우드, 사이프러스, 파쵸리, 티트리, 유칼립투스, 클라리세이지, 마조람 등등의 성분이 함유된 제품을 사용한다.

⑥ 민감성 피부는 아쥴렌, 카모마일, 비사볼, 아롤에, 루틴, 멜리사, 네놀리, 제라늄 등등의 성분이 함유된 제품을 사용한다.

⑦ 노화 피부는 로즈힙 오일, 레티놀, 로얄젤리, 세라마이드, 윗점오일, 클라리세이지, 펜넬, 프랑킨센스, 미르, 로즈, 샌달우드, 네놀리, 제라늄 등등의 성분이 함유된 제품을 사용한다.

⑧ 색소침착피부는 멀베리, 알젤리카, 버독, 비타민 C, 레몬, 네롤리, 라벤더 등등의 성분이 함유된 제품을 사용한다.

2. 선택된 제품을 피부에 도포

① 경직되기 쉬운 승모근 부위의 근육이완과 데콜테 부위의 혈액순환 촉진으로 안면 관리의 효과를 상승시킬수 있도록 제품 도포 후 매뉴얼 테크닉을 진행한다.

② 매뉴얼테크닉 시 정확한 근육 위치와 골격위치를 파악하여 정확하고 효과적인 관리가 되도록 한다.

③ 안면피부의 혈액순환을 원활히 하고, 피부를 부드럽고 유연하게 하는 목적으로 선택된 제품을 도포한다.

④ 데콜테, 목, 안면부위에 선택된 피부유형의 제품을 골고루 도포한다.

3. 5가지 기본 동작을 이용하여 매뉴얼 테크닉을 적용

데콜테 동작

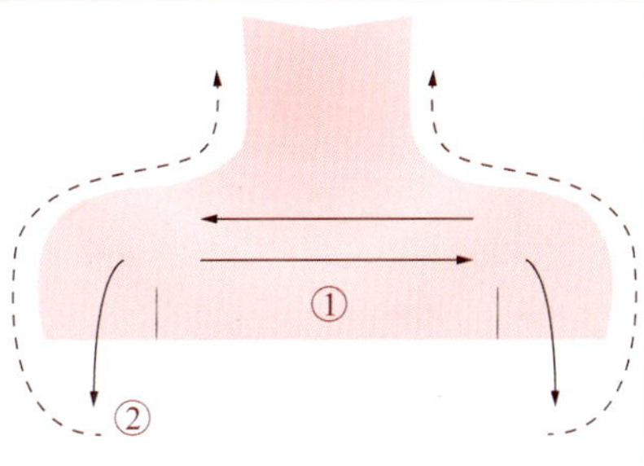

① 데콜테 좌우로 쓸어주기

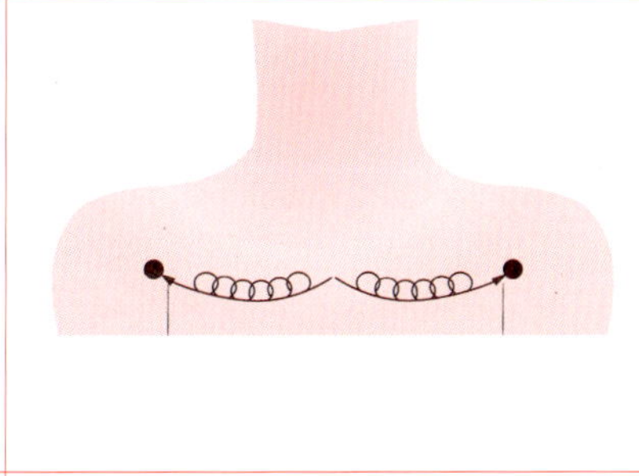

② 주먹으로 문지르기

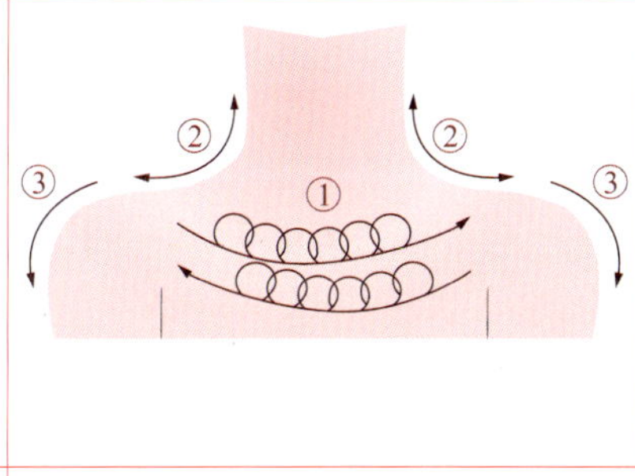

③ 문지르며 승모근, 팔 쓸어주기

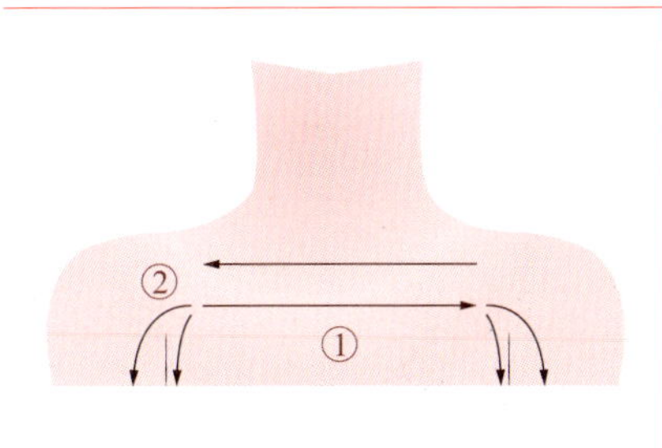

④ 데콜테 쓸고 액와 밀어주기

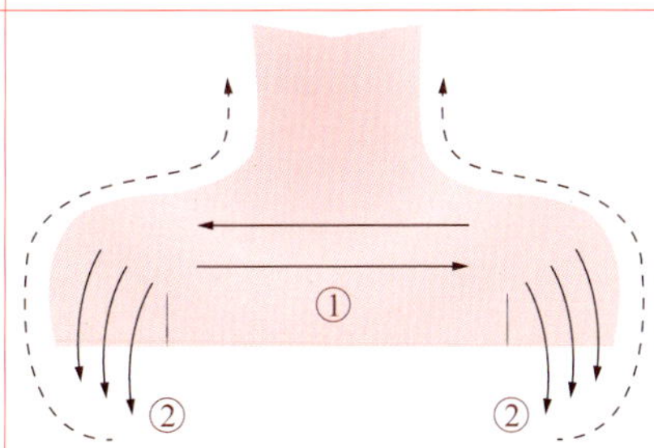

⑤ 데콜테 쓸어주기 및 상완 문지르기

⑥ 엄지로 승모근 압하기
1. 압주며 밀어주기
2. 세점 압주기

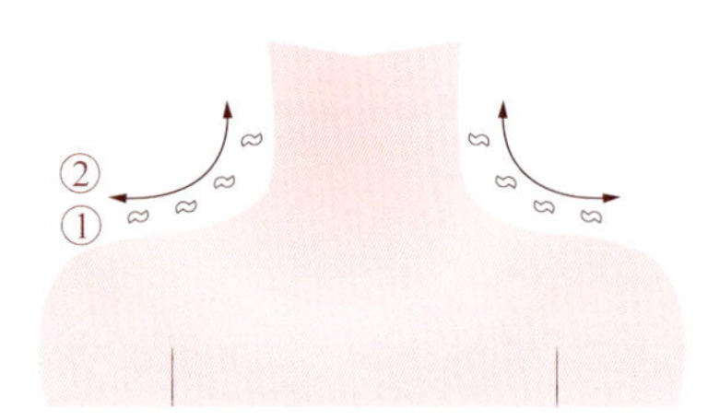	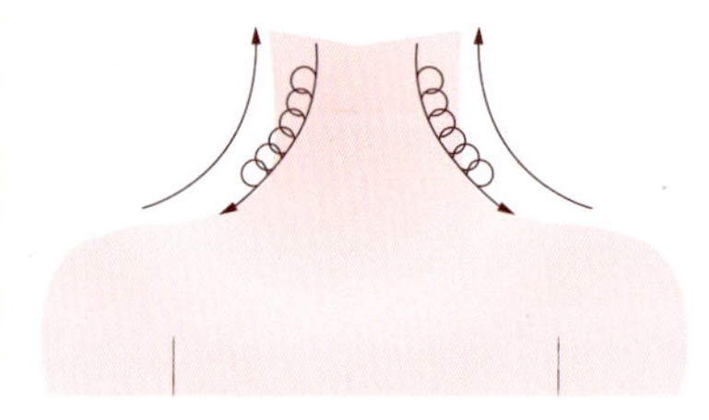	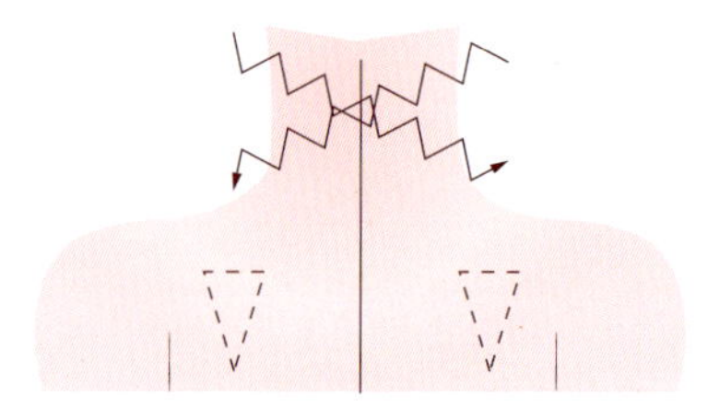
⑦ 승모근 부위 주무르기 및 문지르기	⑧ 목 측면 엄지로 문지르기 및 어깨, 뒷목 쓸어주기	⑨ 뒷목 근육 번갈아 풀어주기
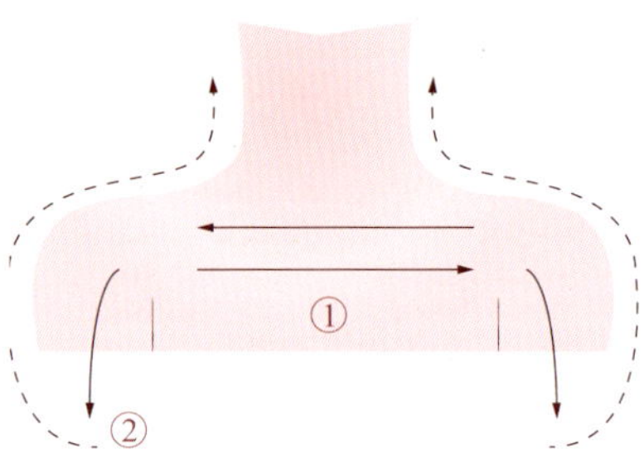	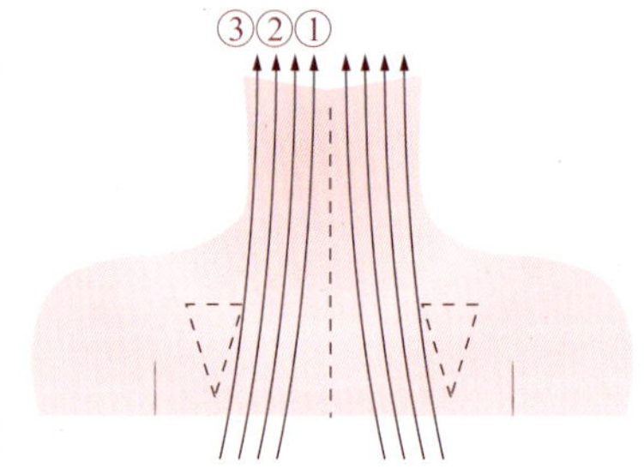	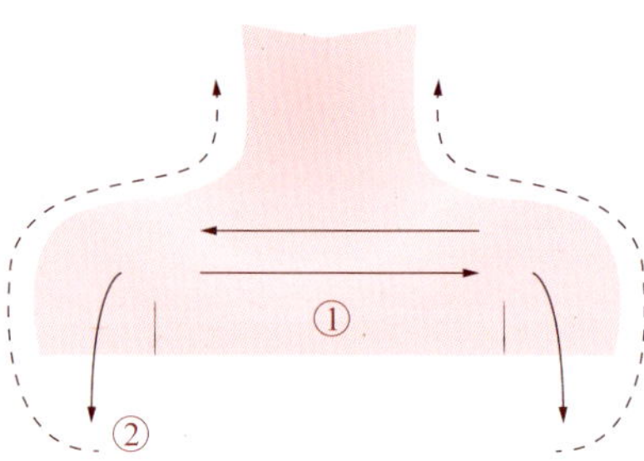
⑩ ①번 동작 반복	⑪ 등 뒤 근육 풀어주기 1. 기립근 라인 2. 견갑골 라인 3. 등 전체라인	⑫ 쓸어주며 마무리(①번 동작 반복)

매뉴얼 테크닉

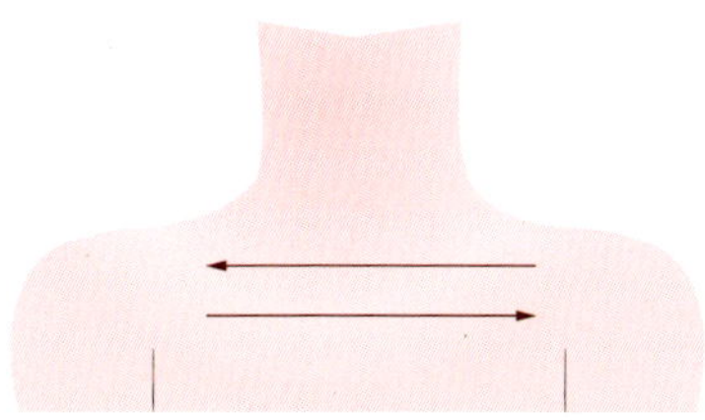

① 데콜테 좌우로 쓸어주기

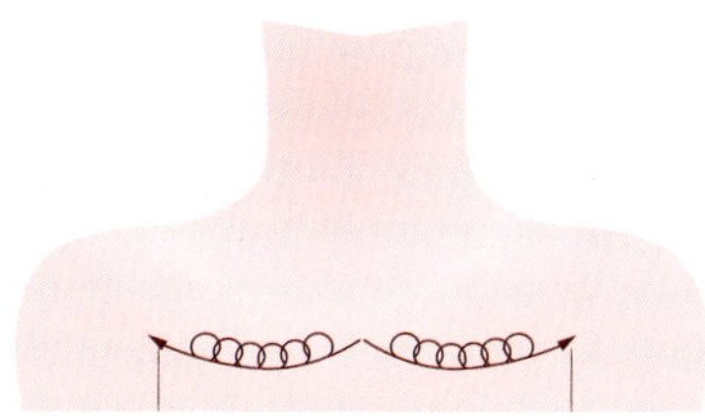

② 손바닥이용 나선 그리기

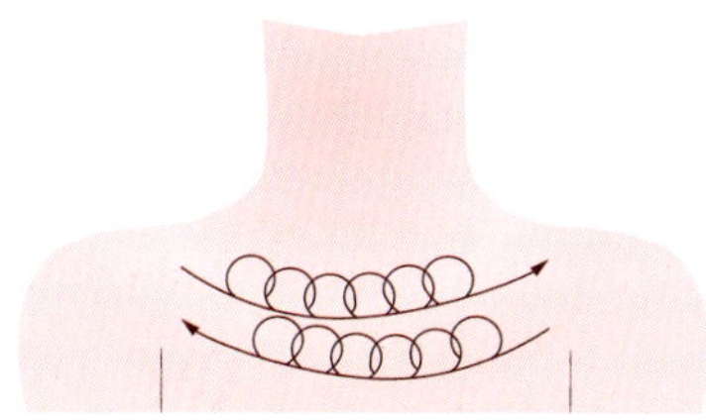

③ 한 쪽씩 번걸아 나선 그리기

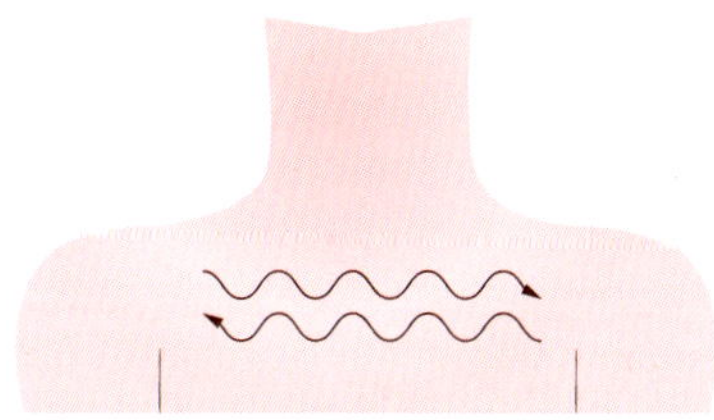

④ 물결모양으로 쓸어주기

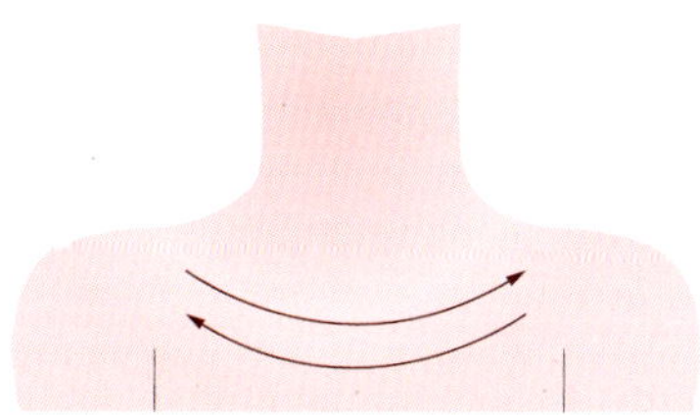

⑤ 손끝 모아 좌우로 쓸어주기

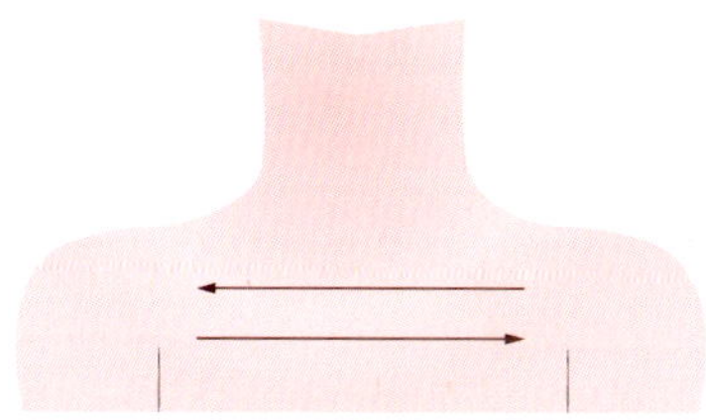

⑥ 데콜테 좌우로 쓸어주기

⑦ 세로로 쓸어주기

⑧ 목 전체 쓸어주기

⑨ 흉쇄유돌근 풀어주기

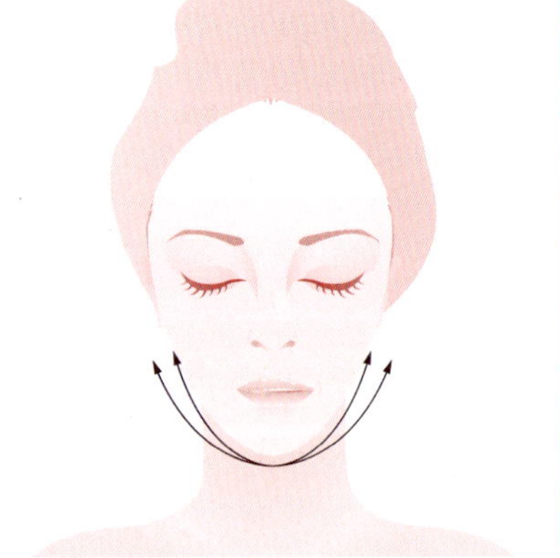

⑩ 2, 3지를 이용하여 턱 쓸어주기

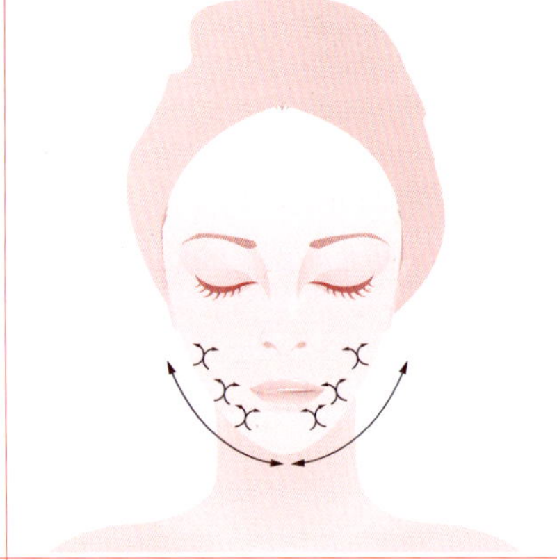

⑪ 번갈아 턱선 쓴 후 저작근 하트 그리기

⑫ 턱 하트모양 그리기

⑬ 입 주변 쓸어주기

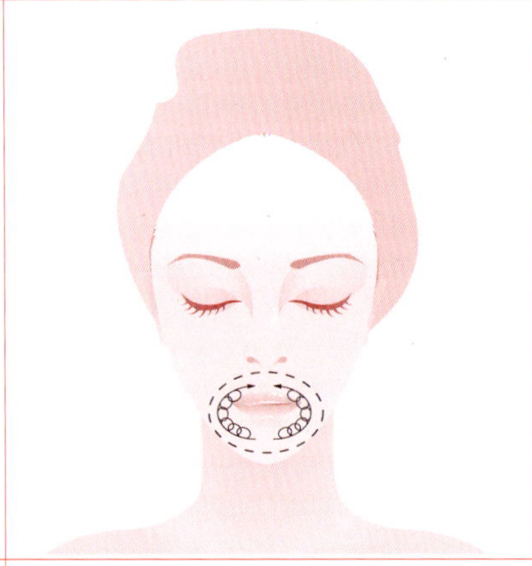

⑭ 입주변 문지르기

⑮ 입꼬리 8자 그리기

⑯ 표정주름 나선형 그리기

⑰ 볼 3등분 나선형 그리기

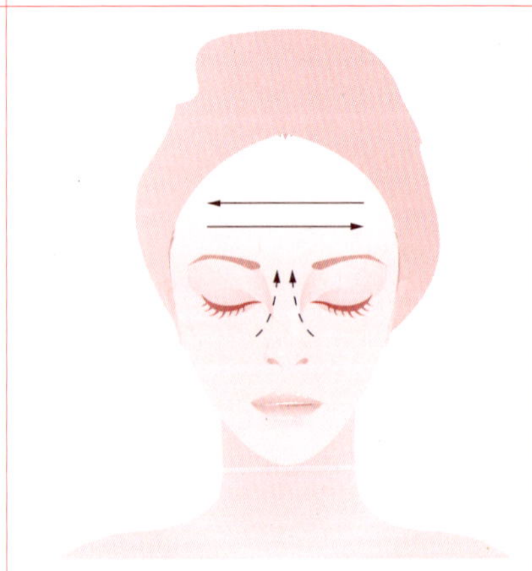

⑱ 연결동작 (코벽 쓴후 이마 가로 쓸기)

⑲ 볼 전체 진동하기

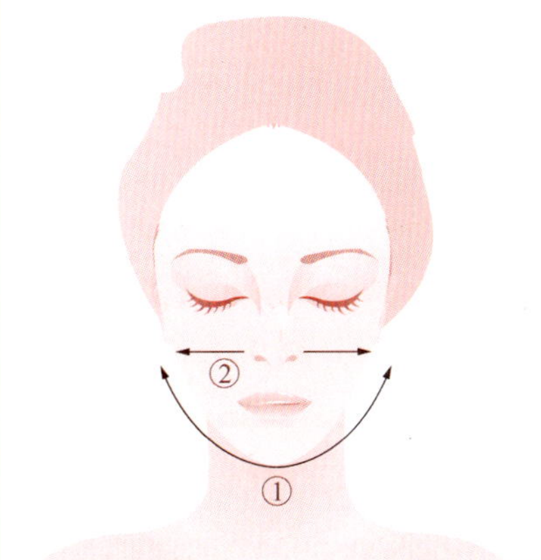

⑳ 턱, 볼 쓸어주기

㉑ 코 옆 8자 그리기

㉒ 비근 8자 그리기

㉓ 콧망울, 콧등 나선형 그리기

㉔ 눈밑 3번 돌기

㉕ 눈밑 나선형 그린 후 눈썹 쓸기

㉖ 눈 주변 8자 그리기

㉗ 눈썹 집어주기

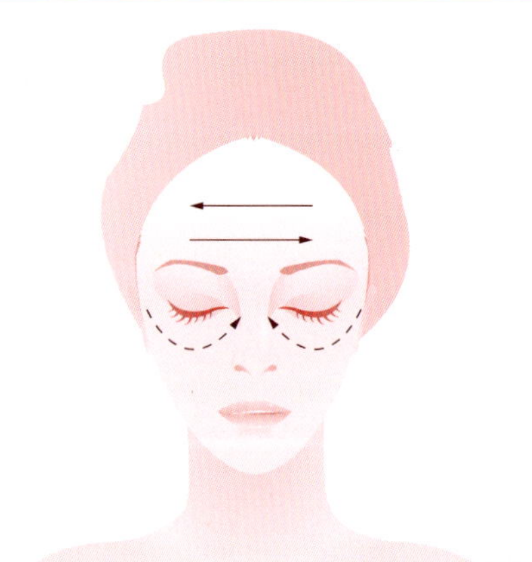

㉘ 이마 가로 쓸기

㉙ 미간 X자로 쓸어주기

㉚ 이마 하트 그리기
(중앙-좌-중앙-우-중앙)

㉛ 이마 지그재그 문지르기

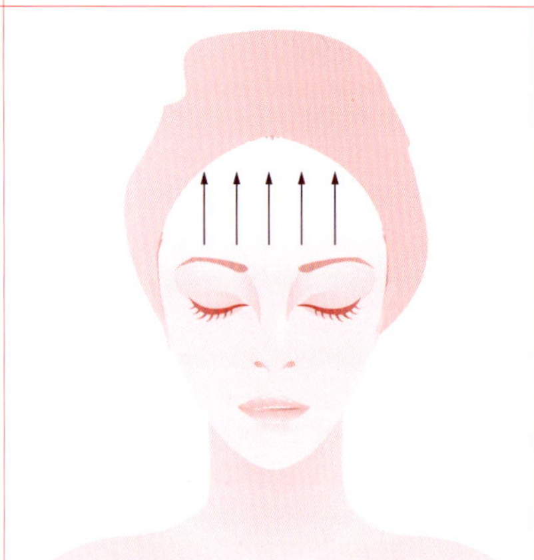

㉜ 이마 세로 쓸어주기

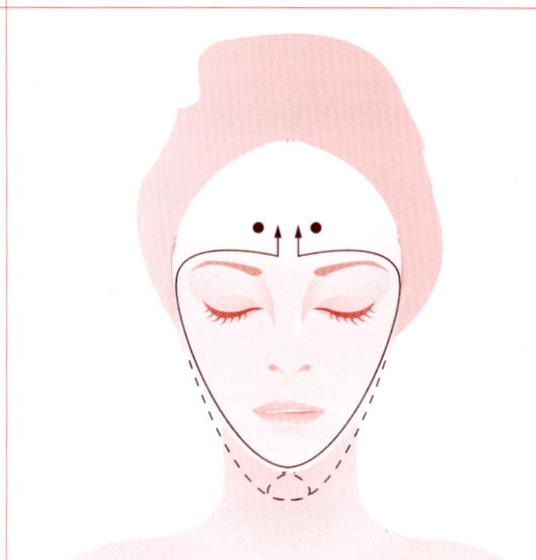

㉝ 턱 감싸고 이마 밀착하기

㉞ 턱 감싸고 스마일라인 지나 눈썹 쓸기

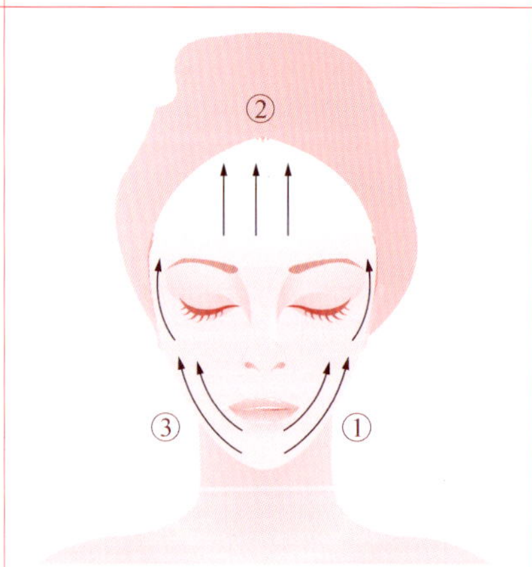

㉟ 얼굴 전체 쓸어주기

㊱ 손가락으로 얼굴 전체 두드리기

	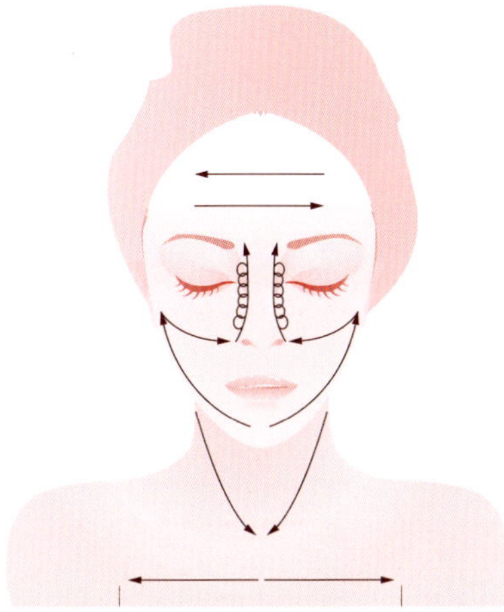	
㊲ 얼굴 전체 집어주기(닥터자켓)	㊳ 얼굴 전체 쓸어준 후 데콜테에서 마무리 (전체 도포 동작)	

4. 얼굴의 피부상태와 부위에 적정한 리듬, 강약, 속도, 시간, 밀착 등을 조절하여 매뉴얼 테크닉을 적용

(1) 얼굴의 피부 상태와 부위에 따른 매뉴얼 테크닉 적용 시 효과

① 신진대사 촉진으로 노폐물 배출을 돕는다.
② 물리적 자극을 통한 혈액순환 및 신진대사를 촉진한다.
③ 정신적 긴장완화와 심리적 안정을 줄 수 있다.

(2) 적정한 리듬, 강약, 속도, 시간, 밀착 등을 조절하여 매뉴얼 테크닉을 적용한다.

① 매뉴얼 테크닉의 리듬, 세기, 속도감 파악 능력을 갖춘다.
매뉴얼 테크닉 동작은 천천히 부드럽게 시작하여 강하고 빠르게 진행한 후 다시 부드럽고 천천히 진행하여 고른 자극을 하도록 한다.
② 피부유형에 맞는 매뉴얼 테크닉 방법별 수행능력을 갖춘다.
③ 매뉴얼 테크닉 할 때의 주위 환경 파악 능력을 갖춘다.
주위 환경은 조용하고 쾌적한 고객이 편히 쉴 수 있는 환경을 조성해야 한다.
④ 매뉴얼 테크닉동작의 밀착감 파악 능력을 갖춘다.
동작의 유연성과 제품성분의 효과를 부여하기 위해 피부유형에 적합한 크림이나 오일 등 화장품을 사용한다.
⑤ 매뉴얼 테크닉을 해서는 안 될 피부상태 파악 능력을 갖춘다.
매뉴얼 테크닉을 적용해서는 안 되는 피부상태 시에는 다른 테라피를 사용하여서 관리하도록 한다.
⑥ 매뉴얼 테크닉을 할 때의 피부유연감 파악 능력을 갖춘다.
⑦ 다양한 매뉴얼 테크닉 구사 능력을 갖는다.
5가지 기본동작을 갖추고 다양한 응용동작을 구사 할 수 있어야 한다.

얼굴 매뉴얼 테크닉하기 작업과정 실습보고서 작성

수행작업 사진, 그림 제시 모두 가능

[실습 수행평가표]

실습자명 :

영역	평가내용	평가				
		5	4	3	2	1
실습자	피부미용사의 위생상태 복장, 용모, 청결 상태는?					
	모든 과정을 철저하게 위생적으로 시행했나?					
	각 제품의 주요성분과 관리목적을 파악했나?					
	피부유형에 따른 제품선택이 적합한가?					
	고객에게 과정을 미리 설명하고 주의사항을 파악했나?					
	고객의 금속액세서리가 제거되었나?					
수행준거 4.1	얼굴의 피부유형과 부위에 맞는 매뉴얼 테크닉을 하기 위한 제품을 선택할 수 있다.					
수행준거 4.2	선택된 제품을 피부에 도포할 수 있다.					
수행준거 4.3	5가지 기본 동작을 이용하여 매뉴얼테크닉을 적용 할 수 있다.					
수행준거 4.4	얼굴의 피부상태와 부위에 적정한 리듬, 강약, 속도, 시간, 밀착 등을 조절하여 매뉴얼 테크닉을 적용할 수 있다.					
태도	고객을 편안하고 안정적으로 배려하는 의지					
	신체부위 노출을 삼가려는 의지					
개선사항 및 평가서						
평가일		고객명				
평가자						

Chapter 5

영양물질 도포하기

1) 피부유형에 따라 영양물질을 선택
2) 피부유형에 따라 영양물질을 필요한 부위에 도포
3) 제품의 특성에 따라 영양물질을 흡수되도록

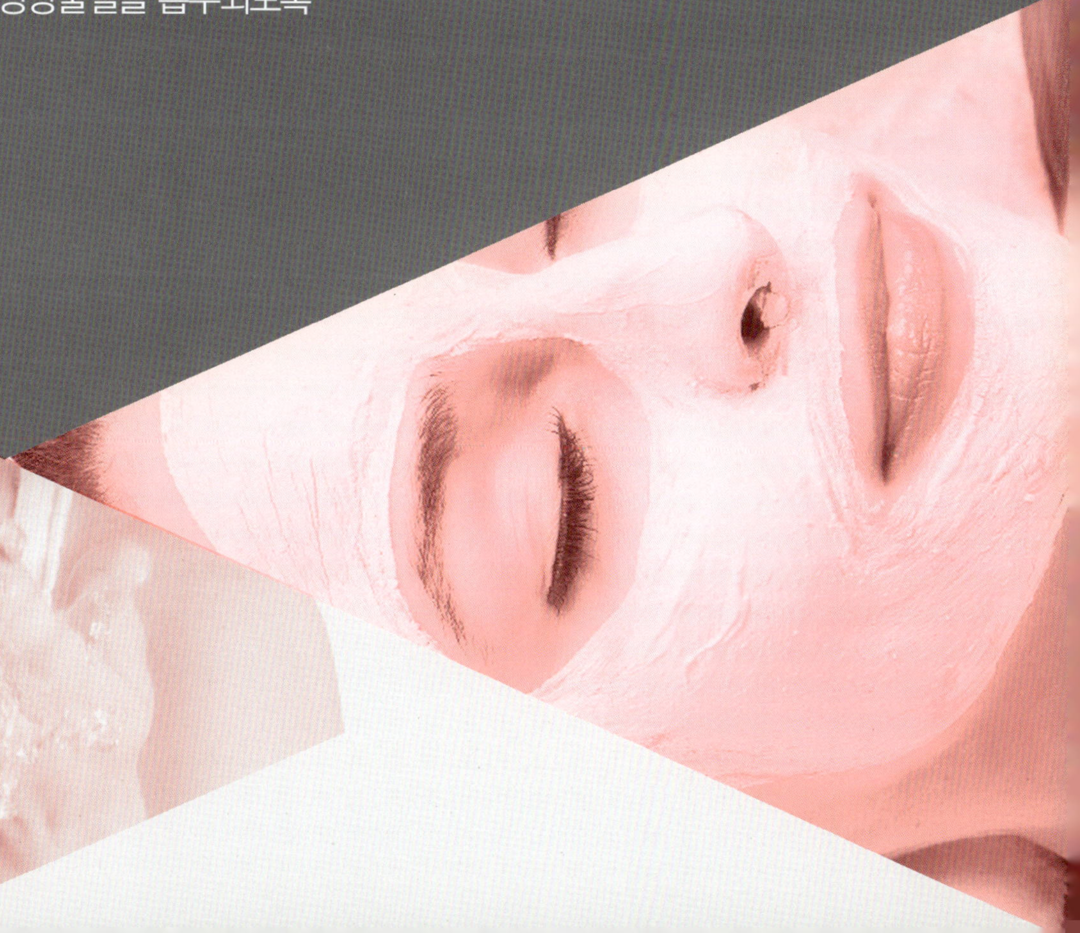

Management Face

Chapter 5 영양물질 도포하기

1. 피부유형에 따라 영양물질을 선택

① 얼굴 피부유형에 따라 영양물질울 선택할 수 있다.

② 아이크림을 먼저 눈가 조직에 도포한 후 안면 전체 제품을 도포한다.

③ 제품이 특성 상 기기를 병행하여 사용할 시에는 주의사항 및 고객를 배려하며 영양물질을 흡수시킨다.

④ 보습용 제품은 수분집중 공급을 위해 식물성 단백질, 천연보습인자 성분, 해조 추출물, 식물성 추출물 등을 함유하고 있다.

⑤ 노화용 제품은 잔주름 개선 및 수분과 영양을 공급하는 물질로 히아루론산, 비타민 류, 식물성 오일, 콜라겐 등을 함유하고 있다.

⑥ 진정용 제품은 민감해진 피부에 수분공급 및 진정효과를 공급하며, 카모마일, 카렌듈라, 아쥴렌, 알란토인 등을 함유하고 있다.

⑦ 정화용 제품은 피부의 정화를 위한 성분과 수분을 공급하는 성분으로 구성되며, 카렌듈라, 비타민, 티트리 등을 함유하고 있다.

2. 피부유형에 따라 영양물질을 필요한 부위에 도포

① 눈가 주위에 사용하는 아이 전용 제품은 앰플, 에센스, 크림 등의 제형이며, 눈가조직의 순환과 수분을 공급하며, 잔주름 예방효과를 가진다.

② 정상피부유형 영양물질은 수분을 공급하며, 피지량을 조절하는 기능을 가진 에센스와 크림 등을 도포한다.

③ 지성 피부유형은 오일이나 유분 함유량이 높은 크림류 화장품은 피하고 수분을 공급하며, 피지분비를 억제하는 효과가 있는 화장품 성분이 함유된 젤이나 에멀젼 성상의 제품을 도포한다.

④ 건성 피부유형은 보습효과와 유분을 공급하며, 비타민 A, E, 콜라겐, 히아루론산 등 보습물질이 함유된 영양농축액과 영양 크림류를 도포한다.

⑤ 예민피부유형은 자극에 민감한 피부유형이므로 진정과 수분을 공급하는 영양물질을 도포하며, 제품 사용 시 피부반응 테스트를 거쳐 화장품을 선택하도록 한다.

⑥ 복합성 피부유형은 부위별로 피부유형에 맞게 구분해서 관리해야 한다. 피지분비가 많은 T존 부위는 수분공급과 피지를 조절해주는 영양물질을 도포하며, U존 부위는 유수분 공급을 해주는 영양물질을 도포한다.

3. 제품의 특성에 따라 영양물질을 흡수

① 제품의 특성과 성상 및 적용부위에 따라 영양물질을 흡수한다.

② 에멀젼 타입은 유분의 함유량이 적고 보습성분을 함유하여 사용감과 퍼짐성이 좋다.

③ 크림 타입은 낮에 바르는 크림은 보습과 자외선으로부터 피부를 보호하며, 저녁에 사용하는 크림은 피부의 활성화 및 피부보습을 유지하는데 사용된다.

④ 고농축된 앰플, 세럼, 에센스 성상은 각 피부타입에 따라 목적을 달리한다.

영양물질 도포하기 작업과정 실습보고서 작성

수행작업 사진, 그림 제시 모두 가능

[실습 수행 평가표]

실습자명 :

<table>
<tr><th rowspan="2">영역</th><th rowspan="2">평가내용</th><th colspan="5">평가</th></tr>
<tr><th>5</th><th>4</th><th>3</th><th>2</th><th>1</th></tr>
<tr><td rowspan="6">실습자</td><td>피부미용사의 위생상태 복장, 용모, 청결 상태는?</td><td></td><td></td><td></td><td></td><td></td></tr>
<tr><td>모든 과정을 철저하게 위생적으로 시행했나?</td><td></td><td></td><td></td><td></td><td></td></tr>
<tr><td>각 제품의 주요성분과 관리목적을 파악했나?</td><td></td><td></td><td></td><td></td><td></td></tr>
<tr><td>피부유형에 따른 제품선택이 적합한가?</td><td></td><td></td><td></td><td></td><td></td></tr>
<tr><td>고객에게 과정을 미리 설명하고 주의사항을 파악했나?</td><td></td><td></td><td></td><td></td><td></td></tr>
<tr><td>고객의 금속액세서리가 제거되었나?</td><td></td><td></td><td></td><td></td><td></td></tr>
<tr><td>수행준거 5.1</td><td>피부유형에 따라 영양물질을 선택 할 수 있다.</td><td></td><td></td><td></td><td></td><td></td></tr>
<tr><td>수행준거 5.2</td><td>피부유형에 따라 영양물질을 필요한 부위에 도포 할 수 있다.</td><td></td><td></td><td></td><td></td><td></td></tr>
<tr><td>수행준거 5.3</td><td>제품의 특성에 따라 영양물질을 흡수되도록 할 수 있다.</td><td></td><td></td><td></td><td></td><td></td></tr>
<tr><td rowspan="2">태도</td><td>고객을 편안하고 안정적으로 배려하는 의지</td><td></td><td></td><td></td><td></td><td></td></tr>
<tr><td>신체부위 노출을 삼가려는 의지</td><td></td><td></td><td></td><td></td><td></td></tr>
<tr><td>개선사항 및 평가서</td><td></td><td></td><td></td><td></td><td></td><td></td></tr>
</table>

평가일		고객명	
평가자			

Chapter 6

얼굴 팩 · 마스크하기

1) 피부유형에 따라 팩과 마스크종류를 선택
2) 제품 성질에 맞는 팩과 마스크를 적용
3) 관리 후 팩과 마스크를 안전하게 제거

Management Face

Chapter 6 얼굴 팩·마스크하기

1. 피부유형에 따라 팩과 마스크종류를 선택

(1) 얼굴 팩 마스크하기 목적

① 피부유형에 따라 영양침투 및 보습을 목적을 위한 단계로서 정확한 피부식별을 통해, 피부상태를 파악하여, 팩의 종류를 다르게 할 수 있다.

② 피부유형에 따라 혈액순환 촉진, 피부의 오염물질, 각질을 흡착시키는 목적을 위한 단계로서 정확한 피부식별을 통해, 피부상태를 파악하여, 팩의 종류를 다르게 할 수 있다.

③ 팩 도포 시 굳은 시간, 도포 순서, 주의사항 등을 고려하여 신속히 도포할 수 있는 연습이 되어야 한다.

(2) 피부유형에 따른 제품별 팩과 마스크 선택

① 건성피부

- 크림 타입, 파우더 타입, 왁스 타입 등 다양한 타입의 팩을 사용할 수 있다.
- 주로 크림 타입 팩의 경우는 보습, 영양, 유연 효과가 있는 성분이 함유되어 있다.
- 파우더 타입, 왁스타입 팩의 경우는 특수 관리 및 2차 마스크로서 사용되는 경우가 많다.
- 미용성분은 주로 히아루론산, 비타민류, 아로마 오일, 콜라겐 등의 성분을 많이 사용한다.

② 정상피부

- 크림 타입, 젤 타입, 파우더 타입, 왁스 타입 등 많은 종류의 성상의 팩을 사용할 수 있다.
- 크림 타입의 팩은 보습, 영양, 진정 효과가 있는 성분이 함유되어 있다.
- 젤 타입의 팩은 보습, 진정, 청량감을 주는 성분이 함유되어 있다.
- 파우더 타입, 왁스타입 팩의 경우는 특수관리 및 2차 마스크로서 주로 사용한다.

- 미용성분은 주로 식물성 단백질, 천연보습인자 성분, 해조 추출물, 식물성 추출물, 아로마 오일 등의 성분을 많이 사용한다.

③ 지성피부

- 크림 타입, 클레이 타입, 젤 타입의 성상의 팩을 주로 사용한다.
- 정화효과, 청정효과 및 진정, 청량감을 주는 성분이 함유되어 있다.
- 미용성분은 주로 아로마 오일, 과일산, 알로에베라, 머드와 같은 다양한 클레이 성분을 사용한다.

④ 예민피부

- 젤 타입, 크림 타입 성상이 팩을 주로 사용한다.
- 외부자극으로부터 민감해진 피부에 수분공급과 진정효과를 주는 성분이 함유되어 있다.
- 미용성분은 주로 카모마일, 칼렌듈라, 아줄렌, 알란토인, 알로에베라, 해조 추출물 등의 성분이 많이 사용된다.

⑤ 노화피부

- 크림 타입, 파우더, 타입, 왁스 타입 다양한 타입의 팩을 사용할 수 있다.
- 주로 크림 타입 팩의 경우는 잔주름 개선, 수분, 영양공급의 효과가 있는 성분이 함유되어 있다.
- 파우더 타입, 왁스 타입 팩의 경우는 특수관리 및 2차 마스크로서 사용되는 경우가 많다.
- 미용성분은 주로 히아루론산, 비타민류, 아로마 오일, 식물성 오일, 콜라겐 등의 성분을 많이 사용한다.
- 피부결 관리 및 보습관리의 효과를 높이고자 과일산 성분을 사용하기도 한다.

2. 제품 성질에 맞는 팩과 마스크를 적용

(1) 팩 도포 방법

① 터번을 두르고, 목에 주름이 생기지 않도록 목 베개를 받쳐준다.

② 눈과 입술에 아이 앤 립크림을 도포한다.

③ 1종류 선택 : 턱→볼→눈 밑 →코→이마→인중→목→ 데콜테 순으로 도포한다.
(이때 쇄골 밑 5cm까지 균일하게 도포한다)

2, 3 종류 선택 : T존→U존 → 목→데콜테 순으로 도포한다.

(이때 쇄골 밑 5cm까지 균일하게 도포한다)

④ 도포 시 근육 결 방향대로 도포하나, 목과 이마는 가로방향으로 도포하도록 한다.

⑤ 도포 시 브러쉬를 눕혀서 균일하게 도포하도록 한다.

⑥ 머드를 제외한 팩은 팩이 마르기 직전에 제거한다.

⑦ 아이패드와 립거즈를 이용하여 눈과 입술을 덮어준다.

⑧ 고객이 편안히 쉴 수 있도록 터번을 풀어준다.

⑨ 자극 없이 제거하도록 하며, 팩이 굳었을 경우에는 가습을 주어 팩을 유연하게 만든 후 해면과 냉습포를 이용하여 팩이 남아있지 않도록 꼼꼼히 제거 한다.
(특히 콧구멍과 턱밑, 귀 옆 부분이 제거되었는지 확인한다)

⑩ 토너로 마무리한다.

⑪ 눈과 입술에 아이 앤 립크림, 마무리 크림 도포한다.

(2) 콜라겐 벨벳 마스크

콜라겐, 히아루론산, 무코 다당류 등 피부의 보습성분들을 특수재질의 시트지에 침투시켜, 동결건조화 시킨 것으로서, 피부의 수화능력을 증가 시키고, 주름 및 탄력에 도움을 주기 때문에 특수마스크로 사용된다.

벨벳 마스크의 주의사항을 참고하여, 능숙하게 피부에 부착할 수 있도록 하며, 특수 관리 시적절한 사용으로 인해, 특수 관리의 효과를 높혀 주도록 한다.

사용방법

① 클렌징, 매뉴얼 테크닉 후에 유분기를 완전히 제거한다.

② 미리 벨벳 마스크를 고객 얼굴 모양에 맞춰 커팅해 놓는다.

③ 보습용 앰플을 이용하여 골고루 흡수시킨다.

④ 전용 액티베이터 또는 정제수를 이용하여 벨벳 마스크를 부착 시킨다.

⑤ 부착 시킨 후 기포가 남지 않도록 기포를 완전히 빼어, 완전히 피부에 밀착시킨다.

⑥ 30분~40분 후 제거하고, 남은 앰플과 마무리 제품을 발라준다.

(3) 석고 마스크

피부를 진공상태로 만들고, 열을 냄으로서 영양물질의 침투를 촉진시킴으로서, 피부에 영양공급과, 혈액순환 촉진을 해주는 효과와 피부의 윤곽을 잡아주는 모델링 효과가 있다.

석고에 열이 발생하는 원리를 알고, 석고 마스크시 미리 고객에게 느낌과 효능에 대한 긍정적인 설명과 함께, 고객의 건강상태를 체크하여, 관리시 발생할 수 있는 문제점들을 예방하도록 한다. 또한 제품 도포 시 주의사항 등을 잘 고려하며, 제품을 능숙하게 도포 할 수 있도록 반복적인 연습이 필요하다.

사용방법

① 관리 전 고객의 머리카락이 흘러나오지 않도록 헤어밴드를 해준다.
② 유분 타입의 앰플 및 열에 의해 변하지 않는 앰플을 선택하여 골고루 피부에 침투시킨다.
③ 석고용 베이스 크림을 피부에 골고루 도포한다.
④ 마른 탈지솜을 이용하여, 눈과 입을 가려준다.
(고객의 건강상태를 고려하여 밀폐하지 않을 수도 있다)
⑤ 마른 거즈를 코 부분을 절개하여 밀착시킨다.
⑥ 석고 마스크를 미온수에 빠르게, 가루가 뭉치지 않도록 개어서, 골고루 얼굴에 도포한다.
도포 후에 얼굴 윤곽대로 제품을 근육결 방향대로 리프팅을 시켜준다.
⑦ 25분~30분 정도 후에 석고의 열기가 사라진 후 자극 없이 떼어내기 위해 석고를 흔들어 미리 피부에서 떼어놓은 후 제거하도록 한다.
⑧ 온습포를 이용하여 석고가루와 베이스 크림을 제거 한다
⑨ 토너 정리 후, 남은 앰플 흡수, 마무리 제품을 바른다.

(4) 고무 타입 마스크

얼굴에 밀착되어 얼굴 윤곽을 살려주기 때문에 일명 모델링 마스크로 불리어지며, 차가워 시는 성상의 득징으로 인해 피부 진징작용과 밀페효과로 인한 보습직용이 있는 특수 마스크로서, 계절적으로 여름에 많이 적용하는 특수 마스크이다. 마스크의 성분을 알고, 도포시 주의사항과 주지사항 등을 잘 인지하여 능숙하게 도포할 수 있도록 연습이 필요하다.

사용방법

① 매뉴얼 테크닉 후 오일기를 제거하고 앰플 및 유효성분을 침투시킨다.
② 제품을 전용 액티베이터 및 깨끗한 물에 가루가 뭉치지 않도록 잘 갠다.
③ 제품을 골고루 피부에 도포하는데, 눈과 입, 코에 들어가지 않도록 주의해서 도포하도록 하며, 만약 능숙하지 않을 시에는 젖은 아이패드를 부착 후에 도포하도록 한다.
④ 도포 후, 더 큰 모델링 효과를 주기 위해 근육결 방향 및 리프팅 효과가 있도록 끌어올린다.
⑤ 25분~30분 정도 후에 팩을 제거하도록 하는데, 팩이 잘 굳는 테두리 부분이 자극되지 않도록 가습을 주어 제거하도록 한다.
⑥ 마무리 후 토너, 남은 앰플, 마무리 제품까지 도포하도록 한다.

3. 관리 후 팩과 마스크를 안전하게 제거

① 관리 후 모든 팩과 마스크는 잔여물이 남지 않도록 깨끗하게 제거한다.
② 해면을 사용하여 남은 잔여물과 팩 및 마스크 잔여물을 제거한다.
③ 냉습포를 사용하여 마무리 정리를 한다.
④ 솜에 토너를 적셔서 피부표면을 정리한다.
⑤ 고객의 터번을 열어서 깔끔하게 터번을 정리한다.
⑥ 손소독제를 사용하여 손 소독을 한다.

얼굴 팩·마스크하기 작업과정 실습보고서 작성

수행작업 사진, 그림 제시 모두 가능

[실습 수행평가표]

실습자명 :

영역	평가내용	평가				
		5	4	3	2	1
실습자	피부미용사의 위생상태 복장, 용모, 청결 상태는?					
	모든 과정을 철저하게 위생적으로 시행했나?					
	각 제품의 주요성분과 관리목적을 파악했나?					
	피부유형에 따른 제품선택이 적합한가?					
	고객에게 과정을 미리 설명하고 주의사항을 파악했나?					
	고객의 금속액세서리가 제거되었나?					
수행준거 6.1	피부유형에 따라 팩과 마스크종류를 선택 할 수 있다.					
수행준거 6.2	제품 성질에 맞는 팩과 마스크를 적용할 수 있다.					
수행준거 6.3	관리 후 팩과 마스크를 안전하게 제거할 수 있다.					
태도	고객을 편안하고 안정적으로 배려하는 의지					
	신체부위 노출을 삼가려는 의지					
개선사항 및 평가서						

평가일		고객명	
평가자			

Chapter 7

얼굴관리 마무리하기

1) 얼굴관리가 끝난 후 토닉으로 피부정리
2) 고객의 얼굴피부유형에 따른 기초화장품류를 선택
3) 영양물질을 흡수시키고 자외선 차단제를 사용하여 마무리

Management Face

Chapter 7 얼굴관리 마무리하기

1. 얼굴관리가 끝난 후 토닉으로 피부정리

① 팩과 마스크를 제거한 후 여분이 남았는지 확인한다.
② 팩과 마스크를 제거한 부위를 해면과 습포를 이용하여 닦아낸다.
③ 피부 타입에 맞는 토닉을 선택하여 닦아낸 부위를 정리하여 준다.

2. 고객의 얼굴피부유형에 따른 기초 화장품류를 선택

① 피부유형에 맞는 기초 화장품류를 선택한다.
② 앰플, 에센스, 아이크림, 페이셜 크림이나 로션, 썬크림, 비비크림 등 고객의 선호도에 따라 화장품류를 선택한다.
③ 기초 화장품류 선택 시, 고객의 선호도와 고객의 피부상태, 계절적 요인 등을 판단하여 선택한다.

3. 영양물질을 흡수시키고 자외선 차단제를 사용하여 마무리

① 피부유형에 맞는 선택한 영양물질을 흡수 시킨 후 자외선 차단제를 선택한다.
② 고객의 선호도에 따른 제품을 선정하여 제품특성에 따라 도포한다.
③ 자외선 차단제는 흡수제와 산란제로 나뉘며, 성상에 따라 스프레이 타입, 로션 타입, 크림 타입, 스틱 타입 등 다양한 제품 중 선택하여 사용한다.
④ 낮과 저녁의 경우를 구분하여 도포 시 고려한다.

4. 피부손질이 끝난 후 전신을 가볍게 이완하기

① 고객의 머리위에서 양 엄지를 고객의 귀 위쪽에 두고 가볍게 문지르기 한다.

② 한손은 목뒤에 다른 손은 고객의 이마에 대고 가볍게 누르기를 한다.

③ 고객의 머리를 45° 로 되게 돌린 후 부분을 감싸고 가볍게 누르기를 한다. 반대쪽 방향도 수행한다.

④ 고객의 양쪽 어깨 위 부분을 지그시 누르기 동작을 한 후 고객의 팔을 상완에서 하완까지 누르기 동작으로 내려간다.

⑤ 고객의 양쪽 팔목을 잡고, 머리 위 방향으로 가벼운 스트레칭 동작으로 잡아당긴다.

⑥ 고객의 발로 내려가서 고객의 발끝을 잡고 고객의 발목부위를 가볍게 밀고 당기기를 한다.

얼굴관리 마무리하기 작업과정 실습보고서 작성

수행작업 사진, 그림 제시 모두 가능

[실습 수행평가표]

실습자명 :

영역	평가내용	평가				
		5	4	3	2	1
실습자	피부미용사의 위생상태 복장, 용모, 청결 상태는?					
	모든 과정을 철저하게 위생적으로 시행했나?					
	각 제품의 주요성분과 관리목적을 파악했나?					
	피부유형에 따른 제품선택이 적합한가?					
	고객에게 과정을 미리 설명하고 주의사항을 파악했나?					
	고객의 금속액세서리가 제거되었나?					
수행준거 7.1	얼굴관리가 끝난 후 토닉으로 피부정리를 할 수 있다.					
수행준거 7.2	고객의 얼굴피부유형에 따른 기초화장품류를 선택할 수 있다.					
수행준거 7.3	영양물질을 흡수시키고 자외선 차단제를 사용하여 마무리 할 수 있다.					
태도	고객을 편안하고 안정적으로 배려하는 의지					
	신체부위 노출을 삼가려는 의지					
	고객의 반응을 살피려는 의지					
개선사항 및 평가서						

평가일		고객명	
평가자			

고객관리 시의 참고사항

- 기초 화장품 종류 및 성분
- 얼굴 피부미용관리에 관한 지식
- 위생과 소독에 관한 지식
- 얼굴 피부유형에 관한 지식
- 얼굴형에 어울리는 눈썹 형태에 관한 지식
- 화장품성분에 관한 지식
- 도구 사용 안전에 관한 지식
- 딥클렌징 제품과 피부미용기기에 관한 지식
- 피부의 구조와 생리에 관한 지식
- 화장품에 관한 지식
- 위생과 소독에 관한 방법
- 피부구조와 생리
- 안면 근육 형태와 기능에 관한 지식
- 위생과 소독에 관한 지식
- 피부구조와 생리에 관한 지식
- 피부미용 기기사용에 관한 지식
- 위생과 소독방법
- 피부구조와 생리
- 팩과 마스크의 종류 및 성질
- 화장품 종류·성분 및 사용법
- 인체구조와 생리

직무수행 요건

(1) 지식·기술

- 기초화장품 종류 및 성분
- 얼굴 피부미용관리에 관한 지식
- 얼굴 피부유형에 관한 지식
- 위생 및 소독에 관한 지식
- 얼굴형에 어울리는 눈썹 형태에 관한 지식
- 화장품성분에 관한 지식
- 도구 사용 안전에 관한 지식
- 딥클렌징 제품과 피부미용기기에 관한 지식
- 위생과 소독에 관한 지식
- 피부의 구조와 생리에 관한 지식
- 화장품에 관한 지식
- 피부구조와 생리
- 안면 근육 형태와 기능에 관한 지식
- 피부미용 기기사용에 관한 지식
- 팩과 마스크의 종류 및 성질
- 위생과 소독 방법
- 화장품 종류·성분 및 사용법
- 인체구조와 생리

(2) 기 술

- 색조화장 부위 특성에 맞는 테크닉 능력
- 클렌징 테크닉 능력
- 위생관리 능력
- 습포사용 능력
- 눈썹 수정 도구 사용 및 소독 능력
- 제모부위 소독 처리 능력
- 고객 선호도에 맞게 눈썹 정리하는 능력

- 눈썹 정리 능력
- 딥클렌징 제품 선택 능력
- 딥클렌징 제품의 물리적·화학적방법 적용 능력
- 미용기기를 활용한 딥클렌징 능력
- 딥클렌징 후 마무리 능력
- 매뉴얼 테크닉전 제품을 선택하여 도포하는 능력
- 쓸어서 펴바르기 능력
- 밀착하여 펴바르기 능력
- 어루만져 펴바르기 능력
- 토닥토닥 펴바르기 능력
- 떨며 펴바르기 능력
- 리듬, 강약, 속도, 시간, 밀착 등을 조절하는 능력
- 화장품의 제형에 따른 사용 능력
- 얼굴 피부유형에 따른 영양물질을 손을 이용하여 원하는 부위에 도포 능력
- 제품 특성에 따른 영양물질 흡수 능력
- 팩과 마스크의 종류에 따른 피부유형에 맞는 선택과 적용능력
- 팩과 마스크의 종류에 따라서 사용하는 능력
- 팩과 마스크 사용후 제거 능력
- 피부 정돈 능력
- 화장품 도포 능력
- 자외선 차단제 선택 및 도포 능력

(3) 태 도

- 고객이 편안히 이완할 수 있도록 배려하려는 의지
- 위생적으로 고객을 배려하려는 의지
- 고객의 반응을 살피려는 의지
- 위생적으로 고객을 배려하려는 의지
- 고객을 배려(노출, 관리정도 등)
- 고객과의 친밀감 유지
- 고객을 배려하는 태도
- 고객에게 기초 화장품류의 사용에 대한 설명

NCS 수행준거

능력단위 요소 (세부항목)	수행 준거 (세세항목)
1201010203_14v2.1 얼굴 클렌징하기	1.1 얼굴피부유형별 상태에 따라 클렌징 방법과 제품을 선택할 수 있다. 1.2 눈, 입술 순서로 포인트 메이크업을 클렌징 할 수 있다. 1.3 얼굴피부유형에 맞는 제품과 테크닉으로 클렌징하고 할 수 있다. 1.4 온습포 또는 경우에 따라 냉습포로 닦아내고 토닉으로 정리할 수 있다.
	[지 식] • 기초화장품 종류 및 성분 • 얼굴 피부미용관리에 관한 지식 • 위생과 소독에 관한 지식 • 얼굴 피부유형에 관한 지식 [기 술] • 색조화장 부위 특성에 맞는 테크닉 능력 • 클렌징 테크닉 능력 • 위생관리 능력 • 습포사용 능력 [태 도] • 고객이 편안히 이완할 수 있도록 배려하려는 의지 • 위생적으로 고객을 배려하려는 의지 • 고객의 반응을 살피려는 의지
1201010203_14v2. 눈썹정리하기	2.1 눈썹정리를 위해 도구를 소독하여 준비할 수 있다. 2.2 고객이 선호하는 눈썹형태로 정리할 수 있다. 2.3 눈썹정리 후 정리한 부위에 대한 진정관리를 실시할 수 있다.
	[지 식] • 위생 및 소독에 관한 지식 • 얼굴형에 어울리는 눈썹 형태에 관한 지식 • 화장품성분에 관한 지식 • 도구 사용 안전에 관한 지식 [기 술] • 눈썹 수정 도구 사용 및 소독 능력 • 제모부위 소독 처리 능력 • 고객 선호도에 맞게 눈썹 정리하는 능력 • 눈썹 정리 능력 [태 도] • 고객이 편안히 이완할 수 있도록 배려하려는 의지 • 위생적으로 고객을 배려하려는 의지 • 고객의 반응을 살피려는 의지

능력단위 요소 (세부항목)	수행 준거 (세세항목)
1201010203_14v2.3 얼굴 딥클렌징하기	3.1 피부 유형별 딥클렌징 제품을 선택 할 수 있다 3.2 선택된 딥클렌징 제품을 특성에 맞게 적용할 수 있다. 3.3 피부미용기기 및 기구를 활용하여 딥클렌징을 적용할 수 있다.
	[지 식] • 딥클렌징 제품과 피부미용기기에 관한 지식 • 위생과 소독에 관한 지식 • 피부의 구조와 생리에 관한 지식 • 화장품에 관한 지식 [기 술] • 딥클렌징 제품 선택 능력 • 딥클렌징 제품의 물리적 · 화학적방법 적용 능력 • 미용기기를 활용한 딥클렌징 능력 • 딥클렌징 후 마무리 능력 [태 도] • 고객이 편안히 이완할 수 있도록 배려하려는 의지 • 위생적으로 고객을 배려하려는 의지 • 고객의 반응을 살피려는 의지
1201010203_14v2.4 얼굴 매뉴얼 테크닉하기	4.1 얼굴의 피부유형과 부위에 맞는 매뉴얼 테크닉을 하기 위한 제품을 선택할 수 있다. 4.2 선택된 제품을 피부에 도포할 수 있다. 4.3 5가지 기본 동작을 이용하여 매뉴얼테크닉을 적용 할 수 있다. 4.4 얼굴의 피부상태와 부위에 적정한 리듬, 강약, 속도, 시간, 밀착 등을 조절하여 매뉴얼 테크닉을 적용할 수 있다.
	[지 식] • 위생과 소독에 관한 방법 • 피부구조와 생리 • 안면 근육 형태와 기능에 관한 지식 [기 술] • 매뉴얼 테크닉전 제품을 선택하여 도포하는 능력 • 쓸어서 펴바르기 능력 • 밀착하여 펴바르기 능력 • 어루만져 펴바르기 능력 • 토닥토닥 펴바르기 능력 • 떨며 펴바르기 능력 • 리듬, 강약, 속도, 시간, 밀착 등을 조절하는 능력 [태 도] • 고객을 배려(노출, 관리정도 등) • 고객과의 친밀감 유지 • 고객의 반응을 살피려는 의지

능력단위 요소 (세부항목)	수행 준거 (세세항목)
1201010203_14v2.5 영양물질 도포하기	5.1 피부유형에 따라 영양물질을 선택 할 수 있다. 5.2 피부유형에 따라 영양물질을 필요한 부위에 도포 할 수 있다. 5.3 제품의 특성에 따라 영양물질을 흡수되도록 할 수 있다.
	[지 식] • 위생과 소독에 관한 지식 • 피부구조와 생리에 관한 지식 • 화장품 종류 · 성분 및 사용법 • 피부미용 기기사용에 관한 지식 [기 술] • 화장품의 제형에 따른 사용 능력 • 얼굴 피부유형에 따른 영양물질을 손을 이용하여 원하는 부위에 도포 능력 • 제품 특성에 따른 영양물질 흡수 능력 [태 도] • 고객을 배려하는 태도 • 고객과의 친밀감 유지
1201010203_14v2.6 얼굴 팩 · 마스크하기	6.1 피부유형에 따라 팩과 마스크종류를 선택 할 수 있다. 6.2 제품 성질에 맞는 팩과 마스크를 적용할 수 있다. 6.3 관리 후 팩과 마스크를 안전하게 제거할 수 있다.
	[지 식] • 위생과 소독 방법 • 화장품 종류 · 성분 및 사용법 • 피부구조와 생리 • 팩과 마스크의 종류 및 성질 [기 술] • 팩과 마스크의 종류에 따른 피부유형에 맞는 선택과 적용능력 • 팩과 마스크의 종류에 따라서 사용하는 능력 • 팩과 마스크 사용후 제거 능력 [태 도] • 고객이 편안히 이완할 수 있도록 배려하려는 의지 • 위생적으로 고객을 배려하려는 의지 • 고객의 반응을 살피려는 의지

<table>
<tr><th>능력단위 요소
(세부항목)</th><th>수행 준거
(세세항목)</th></tr>
<tr><td rowspan="2">1201010203_14v2.7
얼굴관리 마무리하기</td><td>7.1 얼굴관리가 끝난 후 토닉으로 피부정리를 할 수 있다.
7.2 고객의 얼굴피부유형에 따른 기초화장품류를 선택할 수 있다.
7.3 영양물질을 흡수시키고 자외선 차단제를 사용하여 마무리 할 수 있다.</td></tr>
<tr><td>[지 식]
• 위생과 소독 방법
• 화장품 종류 · 성분 및 사용법
• 인체구조와 생리
[기 술]
• 피부 정돈 능력
• 화장품 도포 능력
• 자외선 차단제 선택 및 도포 능력
[태 도]
• 고객에게 기초 화장품류의 사용에 대한 설명
• 고객이 편안히 이완할 수 있도록 배려하려는 의지
• 위생적으로 고객을 배려하려는 의지
• 고객의 반응을 살피려는 의지</td></tr>
</table>

참고문헌

- NCS 학습모듈 대분류 12, 중분류 1. 이미용, 소분류 1. 이미용서비스, 세분류 02 피부미용. 국가직무능력 표준 학습모듈, 2015.
- 권혜영 외, "기초 에스테틱", 메디시언, 2015.
- 김선희 외, "스킨 트리트먼트 매뉴얼", 청구문화사, 2011.
- 한영숙 외, "피부미용학, 청구문화사", 2008.
- 황해정 외, "안면관리를 위한 기초 에스테틱", 수문사, 2011.
- 이은우 외, "피부미용사", 박문각, 2008.
- 이은우 외, "피부미용관리사", 지구문화사, 2002.
- 최윤정 외, "원스톱 피부미용사 필기", ㈜영림미디어, 2015.
- 최윤정 외, "피부미용 이론 및 실습, 청구문화사", 2013.
- 최윤정 외, "양일훈피부미용학원 실기교재편", 양일훈피부미용학원 교육부, 2014.
- https://www.google.com/search?site=&tbm=isch&source

찾아보기

NCS 적용 교육!

얼굴관리

2016년 09월 01일 초판 인쇄
2016년 09월 06일 초판 발행

저 자 이은우 · 최윤정 · 김선희 · 김태희
김혜주 · 윤미연 · 이귀회 · 박한나

발행인 주 병 오

발행처 메디시인

경기도 파주시 회동길 209
파주출판문화정보산업단지

영업팀 (031)955－7566 · 7577
편집디자인팀 (031)955－7731
F A X (031)955－7730
홈페이지 www.ji-gu.co.kr
이메일 jigupub@hanmail.net

ISBN 979-11-86739-24-2 값 16,000원